U0317182

21世纪普通高等教育规划教材·公共基础课系列

简明运筹学

主　编　杨　云　李建波
副主编　崔达开　李　晶　龚志柱

上海财经大学出版社

图书在版编目(CIP)数据

简明运筹学/杨云，李建波主编. —上海：上海财经大学出版社，2017.11

(21世纪普通高等教育规划教材·公共基础课系列)

ISBN 978-7-5642-2834-7/F·2834

Ⅰ.①简… Ⅱ.①杨…②李… Ⅲ.①运筹学-高等学校-教材 Ⅳ.①O22

中国版本图书馆CIP数据核字(2017)第234713号

□ 责任编辑 施春杰
□ 封面设计 晨 宇

JIANMING YUNCHOUXUE
简 明 运 筹 学

主 编 杨 云 李建波
副主编 崔达开 李 晶 龚志柱

上海财经大学出版社出版发行
(上海市中山北一路369号 邮编200083)
网 址：http://www.sufep.com
电子邮箱：webmaster @ sufep.com
全国新华书店经销
上海叶大印务发展有限公司印刷装订
2017年11月第1版 2017年11月第1次印刷

787mm×1092mm 1/16 8.5印张 217千字
印数：0 001—3 000 定价：36.00元

21世纪普通高等教育规划教材

21 SHI JI PU TONG GAO DENG JIAO YU GUI HUA JIAO CAI

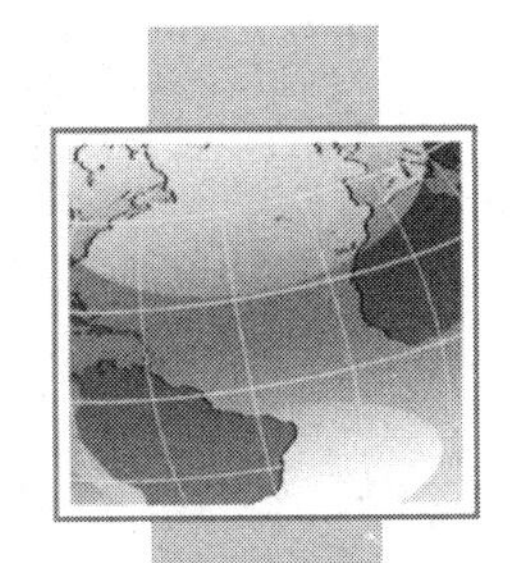

编委会

BIAN WEI HUI

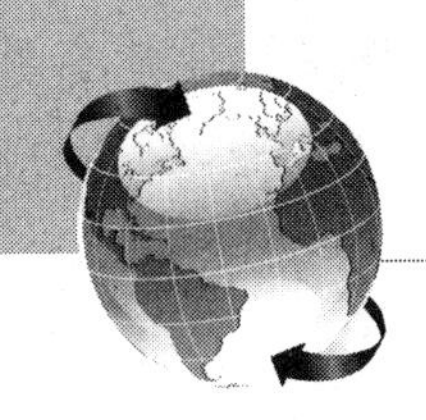

前　言

运筹学是现代管理学的一门重要专业基础课。它是20世纪30年代初发展起来的一门新兴学科,其主要目的是在决策时为管理人员提供科学依据,是实现有效管理、正确决策和现代化管理的重要方法之一。该学科是应用数学和形式科学的跨领域研究,利用统计学、数学模型和算法等方法,去寻找复杂问题中的最佳或近似最佳的解答。

运筹学作为一门用来解决实际问题的学科,在处理千差万别的各种问题时,一般有以下几个步骤:确定目标、制订方案、建立模型和制定解法。虽然不太可能存在能处理极其广泛对象的运筹学,但是在运筹学的发展过程中还是形成了某些抽象模型,能应用于解决较广泛的实际问题。随着科学技术和生产力的发展,运筹学已渗入很多领域,发挥着越来越重要的作用。运筹学本身也在不断发展,涵盖线性规划、非线性规划、整数规划、组合规划、图论、网络流、决策分析、排队论、可靠性数学理论、库存论、博弈论、搜索论以及模拟等分支。运筹学有广阔的应用领域,它已渗透到诸如服务、搜索、人口、对抗、控制、时间表、资源分配、厂址定位、能源、设计、生产、可靠性等各个方面。运筹学是软科学中“硬度”较大的一门学科,是系统工程学和现代管理科学中的一种基础理论和不可缺少的方法、手段与工具。运筹学已被应用到各种管理工程中,在现代化建设中发挥着重要作用。

近几年来,人们从管理实践中更加认识到,由于计划和管理不当,在时间、人力、物力和资金等方面造成了很大的浪费,从而给经济管理带来了严重损失。为了适应现代化管理的需要,最近几年在各大高校中很多本科专业都开设了运筹学的课程。

运筹学的目的是为行政管理人员在做决策时提供科学的依据。因此,它是实现管理现代化的有力工具。运筹学在生产管理、工程技术、军事作战、科学试验、财政经济以及社会科学中都得到了极为广泛的应用。应用运筹学解决问题时,有两个重要的特点:一是从全局的观点出发;二是通过建立模型,如数学模型或模拟模型,对于要求解的问题得到最合理的决策。

运筹学正朝着三个领域发展:运筹学应用、运筹科学和运筹数学。现代运筹学面临的新的对象是经济、技术、社会、生态和政治等因素交叉在一起的复杂系统,因此必须注意大系统,注意与系统分析相结合、与未来学相结合,引入一些非数学的方法和理论,采用软系统的思考方法。总之,运筹学还在不断发展之中,新的思想、观点和方法不断出现。

目前国内流行的多数运筹学的教科书，偏重于数学方法论证较多，而对于解决实际问题时所需要的建立模型与解题技巧不够重视。本书根据编者十几年运筹学教学经验的积累，对从教过程中学生普遍存在的问题认真进行了总结，结合当前应用型本科转型背景，突出运筹学在经济管理中的应用性和实用价值。

编　者

2017年6月

目　录

前言

第 1 章　绪论
第 1 节　运筹学简史 …… 1
第 2 节　运筹学的性质和工作步骤 …… 2
第 3 节　运筹学的模型 …… 3
第 4 节　运筹学的应用与展望 …… 4

第 2 章　线性规划与单纯形法
第 1 节　线性规划问题及其数学模型 …… 8
第 2 节　线性规划问题的标准形式 …… 12
第 3 节　单纯形法 …… 14
第 4 节　单纯形法的计算步骤 …… 19
第 5 节　应用举例 …… 22

第 3 章　对偶理论
第 1 节　对偶问题的提出 …… 26
第 2 节　对偶问题的基本性质 …… 29

第 4 章　运输问题
第 1 节　运输问题的数学模型 …… 31
第 2 节　表上作业法 …… 32

第 5 章　整数规划
第 1 节　整数规划问题的提出 …… 42
第 2 节　分支定界解法 …… 43
第 3 节　指派问题 …… 46

第 6 章　对策论
第 1 节　对策论基础 …… 51
第 2 节　矩阵对策的最优纯策略 …… 53
第 3 节　矩阵对策的混合策略 …… 54

第 4 节　其他类型的对策论简介 …… 56

第 7 章　图与网络优化

第 1 节　图的基本概念 …… 61
第 2 节　最短路问题 …… 62
第 3 节　最大流问题 …… 64

第 8 章　决策分析

第 1 节　不确定情况下的决策 …… 71
第 2 节　风险型情况下的决策 …… 73
第 3 节　效用理论在决策中的应用 …… 78
第 4 节　层次分析法 …… 80
第 5 节　决策论与应用决策论分析问题 …… 87

第 9 章　运筹学其他典型问题

第 1 节　运筹学历史经典案例 …… 91
第 2 节　运筹学典型问题 …… 94

第 10 章　运筹学习题

第 1 节　第 2 章习题 …… 103
第 2 节　第 3 章习题 …… 110
第 3 节　第 4 章习题 …… 113
第 4 节　第 5 章习题 …… 115
第 5 节　第 6 章习题 …… 118
第 6 节　第 7 章习题 …… 119
第 7 节　第 8 章习题 …… 122

参考文献

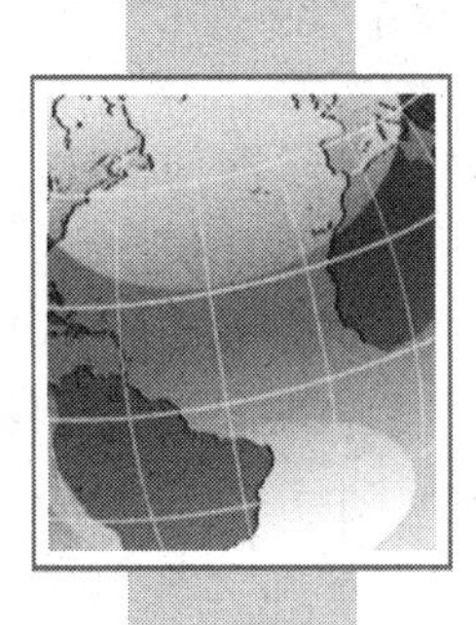

第1章 绪 论

第1节 运筹学简史

运筹学作为科学名词出现在20世纪30年代末。当时英、美为应对德国的空袭，采用了能探测空中金属物体的雷达技术以帮助搜寻德国飞机。雷达作为防空系统的一部分，从技术上是可行的，但实际运用时效果却并不好。为此，一些科学家就如何合理运用雷达开始进行一类新问题的研究。因为它与研究技术问题不同，就称之为“运用研究”(operational research)(我国在1956年曾用过“运用学”的名词，到1957年正式定名为“运筹学”)。为了进行运筹学研究，在英、美的军队中成立了一些专门小组，开展了护航舰队保护商船队的编队问题和当船队遭受德国潜艇攻击时，如何使船队损失最小的问题的研究，研究了反潜深水炸弹的合理爆炸深度后，使德国潜艇被摧毁数增加到400%；研究了大船紧急转向和小船缓慢转向的逃避方法，使船只在受敌机攻击时，中弹数由47%降到29%。当时研究和解决的问题都是短期的和战术性的。第二次世界大战后，在英、美军队中相继成立了更为正式的运筹研究组织，并以兰德公司(RAND)为首的一些部门开始着重研究战略性问题、未来武器系统的设计及其可能合理运用的方法。例如，为美国空军评价各种轰炸机系统，讨论了未来的武器系统和未来战争的战略。他们还研究了苏联的军事能力及未来的预报，分析苏联政治局计划的行动原则和将来的行动预测。到20世纪50年代，由于开发了各种洲际导弹，到底发展哪种导弹，运筹学界也投入了争论。60年代，参与了战略力量的构成和数量问题研究，除军事方面的应用研究以外，相继在工业、农业、经济和社会问题等各领域都有应用。与此同时，运筹数学有了飞速的发展，并形成了运筹学的许多分支，如数学规划(线性规划、非线性规则、整数规划、目标规划、动态规划、随机规划等)、图论与网络、排队论(随机服务系统理论)、存储论、对策论、决策论、维修更新理论、搜索论、可靠性和质量管理等。作为运筹学的早期工作其历史可追溯到1914年，军事运筹学中的兰彻斯特(Lanchester)战斗方程是在1914年提出的。排队论的先驱者丹麦工程师爱尔朗(Erlang)1917年在哥本哈根电话公司研究电话通信系统时，提出了排队论的一些著名公式。存储论的最优批量公式是在20世纪20年代初提出的。在商业方面，列温逊在30年代已用运筹思想分析商业广告、顾客心理。线性规划是由丹捷格(G. B. Dantzig)在1947年发表的成果,所解决的问题是美国制定空军军事规划时提出的,并提出了求解线性规划问题的单纯形法。而早在1939年,苏联学者康托洛维奇在解决工业生产组织和计划问题时,就已提出了类似线性规划的模型,并给出了"解乘数法"的求解方法。由于当时未被领导重视,直到1960年康托洛维奇再次发表了《最佳资源利用的经济计算》一书后,才受到国内外的一致重视。为此康托洛维奇得到了诺贝尔奖。值得一提的是,丹捷格认为线性规划模型的提出是受到了列昂惕夫的投入产出模型(1932年)的影响。关于线性规划的理论是受到了冯·诺依曼(von Neumann)的帮助。冯·诺依曼和摩根斯特恩(O. Morgenstern)合著的《对策论与经济行为》(1944年)是对策论的奠基作,同时该书已隐约地指出了对策论与线性规划对偶理论的紧密联系。线性规划提出后很快受到经济学家的重视,如在第二次世界大战中从事运输模型研究的美国经济学家库普曼斯(T. C. Koopmans),他很快看到了线性规划在经济中应用的意义,并呼吁年轻的经济学家要关注线性规划。其中,阿罗、萨缪尔森、西蒙、多夫曼和胡尔威茨等都获得了诺贝尔奖,并在运筹学某些领域中发挥过重要作用。回顾一下最早投入运筹学领域工作的诺贝尔奖获得者、美国物理学家勃拉凯特(Blackett)领导的第一个以运筹学命名的小组是有意义的。由于该小组的成员复杂,人们戏称它为"勃拉凯特马戏团",它其实是一个由各方面专家组成的交叉学科小组。从以上简史可见,为运筹学的建立和发展作出贡献的有物理学家、经济学家、数学家、其他专业的学者、军官和各行业的实际工作者。

最早建立运筹学会的国家是英国(1948年),接着是美国(1952年)、法国(1956年)、日本和印度(1957年)等。到2005年为止,国际上已有48个国家和地区建立了运筹学会或类似的组织。我国的运筹学会成立于1980年。1959年,英、美、法三国的运筹学会发起成立了国际运筹学联合会(IFORS),以后各国的运筹学会纷纷加入,我国于1982年加入该会。此外,还有一些地区性组织,如欧洲运筹学协会(EURO)成立于1975年,亚太运筹学协会(APORS)成立于1985年。

在20世纪50年代中期,钱学森、许国志等教授将运筹学由西方引入我国,并结合我国的特点在国内推广应用。在经济数学方面,特别是投入产出表的研究和应用开展较早。质量控制(后改为质量管理)的应用也相当有特色。在此期间,以华罗庚教授为首的一大批数学家加入运筹学的研究队伍,使运筹数学的很多分支很快跟上了当时的国际水平。

第2节 运筹学的性质和工作步骤

一、运筹学的性质与特点

运筹学是一门应用科学,至今还没有统一且确切的定义。莫斯(P. M. Morse)和金博尔(G. E. Kimball)对运筹学所下的定义是,为决策机构在对其控制下的业务活动进行决策时,提供以数量化为基础的科学方法。它首先强调的是科学方法,这含义不单是某种研究方法的分散和偶然的应用,而是可用于整个一类问题上,并能传授和有组织地活动。它强调以量化为基础,必然要用数学。但任何决策都包含定量和定性两方面,而定性方面又不能简单地用数学表示,如政治、社会等因素,只有综合多种因素的决策才是全面的。运筹学工作者的职责是为决策者提供可以量化方面的分析,指出那些定性的因素。另一种定义是运筹学是一门应用科学,它广泛应用现有的科学技术知识和数学方法,解决实际中提出的专门问题,为决策者选择最优决策提供定量依据。这一定义表明运筹学具有多学科交叉的特点，如综合运用经济学、心理学、物理学、化学中的一些方法。运筹学强调最优决策，但“最”过分理想了，在实际生活中往往用次优、满意等概念代替最优。因此，运筹学的又一定义是，运筹学是一种给出问题坏的答案的艺术，否则的话问题的结果会更坏。

为了有效地应用运筹学，前英国运筹学学会会长托姆林森提出了 6 条原则：

(1) 合伙原则。运筹学工作者要与各方面人员，尤其是与实际部门工作者合作。

(2) 催化原则。在多学科共同解决某问题时，要引导人们改变一些常规的看法。

(3) 互相渗透原则。要求多部门彼此渗透地考虑问题，而不是只局限于本部门。

(4) 独立原则。在研究问题时，不应受某人或某部门的特殊政策所左右，应独立从事工作。

(5) 宽容原则。解决问题的思路要宽、方法要多，而不是局限于某种特定的方法。

(6) 平衡原则。要考虑各种矛盾、关系的平衡。

二、运筹学的工作步骤

运筹学在解决大量实际问题过程中形成了自己的工作步骤。

(1) 提出和形成问题。即要弄清问题的目标、可能的约束、问题的可控变量以及有关参数，搜集有关资料。

(2) 建立模型。即把问题中可控变量、参数和目标与约束之间的关系用一定的模型表示出来。

(3) 求解。用各种手段(主要是数学方法，也可用其他方法)将模型求解。解可以是最优解、次优解、满意解。复杂模型的求解需用计算机，解的精度要求可由决策者提出。

(4) 解的检验。首先检查求解步骤和程序有无错误，然后检查解是否反映现实问题。

(5) 解的控制。通过控制解的变化过程决定对解是否要作一定的改变。

(6) 解的实施。将解用到实际中必须考虑到实施的问题，如向实际部门讲清解的用法、在实施中可能产生的问题和修改。

以上过程应反复进行。

第 3 节　运筹学的模型

运筹学在解决问题时，按研究对象不同可构造各种不同的模型。模型是研究者对客观现实经过思维抽象后用文字、图表、符号、关系式以及实体模样描述所认识到的客观对象。模型的有关参数和关系式是较容易改变的，这样有助于问题的分析和研究。利用模型可以进行一定的预测和灵敏度分析等。

模型有三种基本形式：① 形象模型；② 模拟模型；③ 符号或数学模型。目前用得最多的是符号或数学模型。构造模型是一种创造性劳动，成功的模型往往是科学和艺术的结晶，建模的方法和思路有以下五种：

(1) 直接分析法。按研究者对问题内在机理的认识直接构造出模型。运筹学中已有不少现存的模型，如线性规划模型、投入产出模型、排队模型、存储模型、决策和对策模型等。这些模型都有很好的求解方法及求解的软件，但用这些现存的模型研究问题时，要注意不能生搬硬套。

(2) 类比法。有些问题可以用不同方法构造出模型，而这些模型的结构性质是类同的，这就可以互相类比。如物理学中的机械系统、气体动力学系统、水力学系统、热力学系统及电路系统之间就有不少彼此类同的现象。甚至有些经济系统、社会系统也可以用物理系统来类比。在分析一些经济、社会问题时，不同国家之间有时也可以找出某些类比的现象。

(3) 数据分析法。对有些问题的机理尚未了解清楚，若能搜集到与此问题密切相关的大量数据，或通过某些试验获得大量数据，这就可以用统计分析法建模。

(4) 试验分析法。当有些问题的机理不清，又不能做大量试验来获得数据，这时只能通过做局部试验的数据加上分析来构造模型。

(5) 想定(构想)法(scenario)。当有些问题的机理不清，缺少数据，又不能通过做试验来获得数据时，如一些社会、经济、军事问题，人们只能在已有的知识、经验和某些研究的基础上，对于将来可能发生的情况给出逻辑上合理的设想和描述，然后用已有的方法构造模型，并不断修正完善，直至比较满意为止。

模型的一般数学形式可用下列表达式描述：

目标的评价准则 $U = f(x, y, j)$

约束条件 $g(x, y, j) \geqslant 0$

其中：x——可控变量；

y——已知参数；

j——随机因素。

目标的评价准则一般要求达到最佳(最大或最小)、适中、满意等。准则可以是单一的，也可是多个的。约束条件可以没有，也可以有多个。当 g 是等式时，即为平衡条件。当模型中无随机因素时，称它为确定性模型，否则为随机模型。随机模型的评价准则可用期望值，也可用方差，还可用某种概率分布来表示。当可控变量只取离散值时，称为离散模型，否则称为连续模型。也可按使用的数学工具将模型分为代数方程模型、微分方程模型、概率统计模型、逻辑模型等。若用求解方法来命名时，有直接最优化模型、数字模拟模型、启发式模型。也有按用途来命名的，如分配模型、运输模型、更新模型、排队模型、存储模型等。还可以用研究对象来命名，如能源模型、教育模型、军事对策模型、宏观经济模型等。

第 4 节 运筹学的应用与展望

一、运筹学的应用

在介绍运筹学的简史时，已提到了运筹学的早期应用主要在军事领域。第二次世界大战后运筹学的应用转向民用，这里只对某些重要领域给予简述。

(1) 市场销售。主要应用在广告预算和媒介的选择、竞争性定价、新产品开发、销售计划的制订等方面。例如：美国杜邦公司在 20 世纪 50 年代起就非常重视将运筹学用于研究如何做好广告工作、产品定价和新产品的引入；通用电气公司对某些市场进行模拟研究。

(2) 生产计划。在总体计划方面主要用于总体确定生产、存储和劳动力的配合等计划，以适应波动的需求，可以采用线性规划和模拟方法等。如巴基斯坦某一重型制造厂用线性规划安排生产计划，节省了 10% 的生产费用。还可用于生产作业计划、日程表的编排等。此外，还有在合理下料、配料问题及物料管理等方面的应用。

(3) 库存管理。主要应用于多种物资库存量的管理,以确定某些设备的能力或容量,如停车场的大小、新增发电设备的容量大小、电子计算机的内存量、合理的水库容量等。美国某机器制造公司应用存储论后,节省了18%的费用。目前,国外新动向是将库存理论与计算机的物资管理信息系统相结合。如美国西电公司,从1971年起用5年时间建立了“西电物资管理系统”,使公司节省了大量物资存储费用和运费,而且减少了管理人员。

(4) 运输问题。这涉及空运、水运、公路运输、铁路运输、管道运输、厂内运输。空运问题涉及飞行航班和飞行机组人员服务时间安排等。为此在国际运筹学协会中设有航空组,专门研究空运中的运筹学问题。水运有船舶航运计划、港口装卸设备的配置和船到港后的运行安排。公路运输除了汽车调度计划外,还有公路网的设计和分析,市内公共汽车路线的选择和行车时刻表的安排,出租汽车的调度和停车场的设立。铁路运输方面的应用就更多了。

(5) 财政和会计。这里涉及预算、贷款、成本分析、定价、投资、证券管理、现金管理等。用得较多的方法是统计分析、数学规划、决策分析,此外还有盈亏点分析法、价值分析法等。

(6) 人事管理。这里涉及六个方面,第一是人员的获得和需求估计;第二是人才的开发,即进行教育和训练;第三是人员的分配,主要是各种指派问题;第四是各类人员的合理利用问题;第五是人才的评价,其中有如何测定一个人对组织、社会的贡献;第六是工资和津贴的确定等。

(7) 设备维修、更新和可靠性,项目选择和评价。

(8) 工程的优化设计。这在建筑、电子、光学、机械和化工等领域都有应用。

(9) 计算机和信息系统。可将运筹学用于计算机的内存分配,研究不同排队规则对磁盘工作性能的影响,利用图论、数学规划等方法研究计算机信息系统的自动设计。

(10) 城市管理。这里有各种紧急服务系统的设计和运用,如消防车、救护车、警车等分布点的设立。美国曾用排队论方法来确定纽约市紧急电话站的值班人数。加拿大曾研究一城市的警车的配置和负责范围,出事故后警车应走的路线等。此外还有城市垃圾的清扫、搬运和处理,城市供水和污水处理系统的规划等。

我国运筹学的应用始于1957年,首先用于建筑业和纺织业。在理论联系实际的思想指导下,从1958年开始在交通运输、工业、农业、水利建设、邮电等方面都有应用。尤其是在运输方面,从物资调运、装卸到调度等。在粮食部门,为合理解决调运问题,提出了“图上作业法”。我国的运筹学工作者从理论上证明了它的科学性。在解决邮递员合理投递路线时,管梅谷提出了国外称之为“中国邮路问题”的解法。在工业生产中推广了合理下料、机床负荷分配等。在纺织业中,曾用排队论方法解决细纱车间劳动组织、最优折布长度等问题。在农业中,研究了作业布局、劳力分配和麦场设置等。从20世纪60年代起,我国的运筹学工作者在钢铁和石油部门开展了较全面的和深入的运筹学应用;投入产出法在钢铁部门首先得到应用。从1965年起统筹法的应用在建筑业、大型设备维修计划等方面取得了可喜的进展。从1970年起在全国大部分省、市和部门推广优选法。其应用范围有配方、配比的选择,生产工艺条件的选择,工艺参数的确定,工程设计参数的选择,仪器仪表的调试等。在20世纪70年代中期,最优化方法在工程设计界得到广泛的重视。在光学设计、船舶设计、飞机设计、变压器设计、电子线路设计、建筑结构设计和化工过程设计等方面都取得了成果。70年代中期,排队论开始应用于研究矿山、港口、电信和计算机的设计等方面。图论曾用于线路布置和计算机的设计、化学物品的存放等。存储论在我国应用较晚，20 世纪 70 年代末在汽车工业和其他部门取得成功。近年来，运筹学的应用已趋向研究规模大和复杂的问题，如部门计划、区域经济规划等，并已与系统工程难以分解。

二、运筹学的展望

关于运筹学将往哪个方向发展，从 20 世纪 70 年代起西方运筹学工作者有种种观点，至今还未说清。这里提出某些运筹学界的观点，供研究参考。美国前运筹学会主席邦特(S. Bonder)认为，运筹学应在三个领域发展：运筹学应用、运筹科学和运筹数学。并强调发展前两者，从整体讲应协调发展。事实上，运筹数学到 20 世纪 70 年代已形成一系列强有力的分支，数学描述相当完善，这是一件好事。正是这一点使不少运筹学界的前辈认为，有些专家钻进运筹数学的深处，而忘掉了运筹学的原有特色，忽略了多学科的横向交叉联系和解决实际问题的研究。近几年来出现了一种新的批评，指出有些人只迷恋于数学模型的精巧、复杂化，使用高深的数学工具，而不善于处理大量、新的、不易解决的实际问题。现代运筹学工作者面临的大量新问题是经济、技术、社会、生态和政治等因素交叉在一起的复杂系统。因此，从 20 世纪 70 年代末至 80 年代初不少运筹学家提出：要大家注意研究大系统，注意与系统分析相结合。美国科学院国际开发署写了一本书，其书名就把系统分析和运筹学并列。有的运筹学家提出了"要从运筹学到系统分析"的报告。由于研究新问题的时间范围很长，因此必须与未来学紧密结合。由于面临的问题大多涉及技术、经济、社会、心理等综合因素的研究，在运筹学中除常用的数学方法以外，还引入一些非数学的方法和理论。曾在 20 世纪 50 年代写过"运筹学的数学方法"的美国运筹学家沙旦(T. L. Saaty)，在 20 世纪 70 年代末提出了层次分析法(AHP)，并认为过去过分强调细巧的数学模型，可是它很难解决那些非结构性的复杂问题。因此宁可用看起来简单和粗糙的方法，加上决策者的正确判断，却能解决实际问题。切克兰特(P. B. Checkland)把传统的运筹学方法称为硬系统思考，它适用于解决那种结构明确的系统以及战术和技术性问题，而对于结构不明确的、有人参与活动的系统就不太胜任了。这就应采用软系统思考方法，相应的一些概念和方法都应有所变化，如将过分理想化的"最优解"换成"满意解"。过去把求得的"解"看作精确的、不能变的、凝固的东西，而现在要以"易变性"的理念看待所得的"解"，以适应系统的不断变化。解决问题的过程是决策者和分析者发挥其创造性的过程，这就是进入 20 世纪 70 年代以来人们越来越对人机对话的算法感兴趣的原因。在 80 年代中一些重要的与运筹学有关的国际会议中，大多数认为决策支持系统是使运筹学发展的一个好机会。进入 90 年代和 21 世纪初期，出现了两个很重要的趋势：一个是软运筹学崛起。其主要发源地是在英国。1989 年英国运筹学学会开了一个会议，后来由罗森汉特(J. Rosenhead)主编了一本论文集，后来被称为软运筹学的"圣经"。其中提到了不少新的属于软运筹的方法，如软系统方法论(SSM：Checkland)、战略假设表面化与检验(SAST：Mason & Mitroff)、战略选择(SC：Friend)、问题结构法(PSM：Bryant & Rosenhead)、超对策(Hypergame：Benett)、亚对策(Metagame：Howard)、战略选择发展与分析(SODA：Eden)、生存系统模型(VSM：Beer)、对话式计划(IP：Ackoff)、批判式系统启发(CSH：Ulrich)等。2001 年该书出版修订版，增加了很多实例。另一个趋势是与优化有关的，即软计算。这种方法不追求严格最优，具有启发式思路，并借用来自生物学、物理学和其他学科的思想来解寻优方法。其中最著名的有遗传算法(GA：Holland)、模拟退火(SA：Metropolis)、神经网络(NN)、模糊逻辑(FL：Zadeh)、进化计算(EC)、禁忌算法(TS)、蚁群优化(ACO：Dorigo)等。

目前，国际上已有世界软计算协会，至2004年已召开了9届国际会议，但都是在网络上进行，并且发行有杂志 *Applied Soft Computing*。此外，在一些老的分支方面，如线性规划也出现了新的亮点，如内点法；图论中出现了无标度网络(scale-free network)等。总之，运筹学还在不断发展中，新的思想、观点和方法也不断地出现。本书作为一本教材，所提供的一些运筹学思想和方法都是基本的、作为学习运筹学的读者必须掌握的知识。

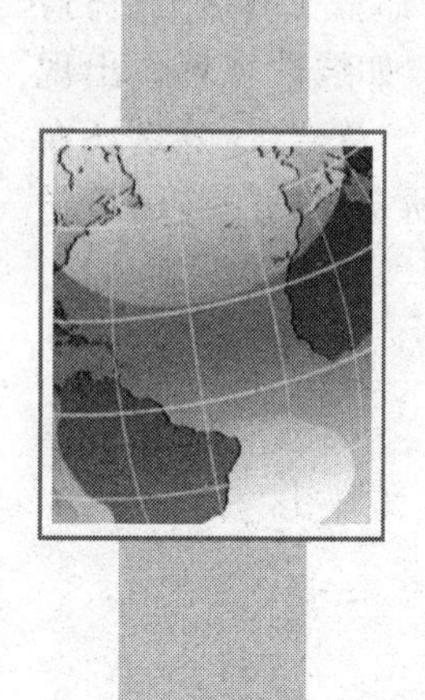

第 2 章 线性规划与单纯形法

第 1 节 线性规划问题及其数学模型

一、问题的提出

在生产管理和经营活动中经常提出一类问题，即如何合理地利用有限的人力、物力、财力等资源，以便得到最好的经济效果。

[**例 2-1**] 某工厂在计划期内要安排生产Ⅰ、Ⅱ两种产品，已知生产单位产品所需的设备台时及两种原材料的消耗如表 2-1 所示。

表 2-1

	Ⅰ	Ⅱ	
设　备	1	2	8 台时
原材料 a	4	0	16 千克
原材料 b	0	4	12 千克

该工厂每生产一件产品Ⅰ可获利 2 元，每生产一件产品Ⅱ可获利 3 元，问应如何安排计划使该工厂获利最多？

这一问题可以用以下的数学模型来描述，设 x_1、x_2 分别表示在计划期内产品Ⅰ、Ⅱ的产量。因为设备的有效台时是 8，这是一个限制产量的条件，所以在确定产品Ⅰ、Ⅱ的产量时，要考虑不超过设备的有效台时数，即可用不等式表示为：

$$\begin{cases} x_1 + 2x_2 \leqslant 8 \\ 4x_1 \leqslant 16 \\ 4x_2 \leqslant 12 \end{cases}$$

该工厂的目标是在不超过所有资源限量的条件下，如何确定产量 x_1 和 x_2 以得到最大的利润。若用 z 表示利润，则 $z=2x_1+3x_2$。综合上述，该计划问题可用数学模型表示为：

$$\text{目标函数}\ \max z = 2x_1 + 3x_2$$

$$\begin{cases} x_1 + 2x_2 \leqslant 8 \\ 4x_1 \leqslant 16 \\ 4x_2 \leqslant 12 \\ x_1,\ x_2 \geqslant 0 \end{cases}$$

［例 2－2］　靠近某河流有两家化工厂（见图 2－1），流经第一化工厂的河流流量为每天 500 万立方米，在两家工厂之间有一条流量为每天 200 万立方米的支流。第一化工厂每天排放含有某种有害物质的工业污水 2 万立方米，第二化工厂每天排放这种工业污水 1.4 万立方米。从第一化工厂排出的工业污水流到第二化工厂以前，有 20%可自然净化。根据环保要求，河流中工业污水的含量应不大于 0.2%。这两个工厂都需各自处理一部分工业污水。第一化工厂处理工业污水的成本是 1 000 元/万立方米，第二化工厂处理工业污水的成本是 800 元/万立方米。现在要问在满足环保要求的条件下，每厂各应处理多少工业污水，使这两家工厂总的处理工业污水费用最小。

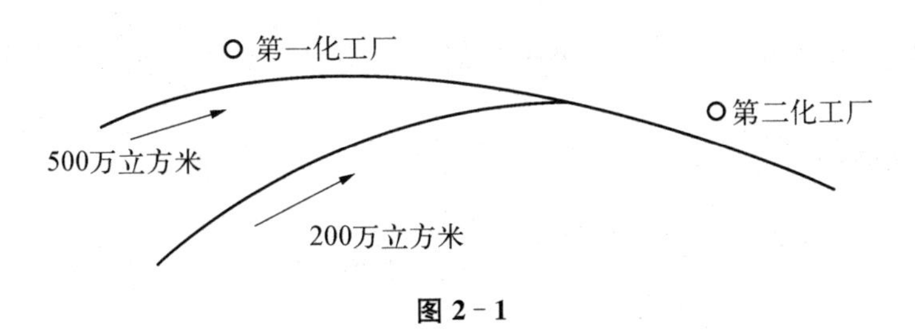

图 2－1

这个问题可用数学模型来描述。设第一化工厂每天处理工业污水量为 x_1 万立方米，第二化工厂每天处理工业污水量为 x_2 万立方米，从第一化工厂到第二化工厂之间，河流中工业污水含量要不大于 0.2%，由此可得近似关系式 $(2-x_1)/500 \leqslant 2/1\,000$。

流经第二化工厂后，河流中的工业污水量仍要不大于 0.2%，这时有近似关系式：

$$[0.8(2-x_1)+(1.4-x_2)]/700 \leqslant 2/1\,000$$

由于每个工厂每天处理的工业污水量不会大于每天的排放量，故有 $x_1<2$，$x_2<1.4$，这个问题的目标是要求两家厂用于处理工业污水的总费用最小，即 $z=1\,000x_1+800x_2$。综合上述，这个环保问题可用数学模型表示为：

$$\text{目标函数}\ \min z = 1\,000x_1 + 800x_2$$

$$\text{约束条件}\begin{cases} x_1 \geqslant 1 \\ 0.8x_1 + x_2 \geqslant 1.6 \\ x_1 \leqslant 2 \\ x_2 \leqslant 1.4 \\ x_1,\ x_2 \geqslant 0 \end{cases}$$

从以上两例可以看出，它们都是属于一类优化问题。它们的共同特征是：每一个问题都用一组决策变量(x_1, x_2)表示某一方案,这组决策变量的值就代表一个具体方案。一般来说,这些变量取值是非负且连续的。

(1) 存在一定的约束条件,这些约束条件可以用一组线性等式或线性不等式来表示。

(2) 都有一个要求达到的目标,它可用决策变量的线性函数(称为目标函数)来表示。

(3) 按问题的不同,要求目标函数实现最大化或最小化。

满足以上三个条件的数学模型称为线性规划的数学模型。其一般形式为:

$$\text{目标函数} \max(\min) z = C_1x_1 + C_2x_2 + \cdots + C_nx_n \tag{2-1}$$

$$\text{满足约束条件}\begin{cases} a_{11}x_1 + a_{12}x_2 + \cdots + a_{1n}x_n \leqslant (=, \geqslant) b_1 & (2-2) \\ a_{21}x_1 + a_{22}x_2 + \cdots + a_{2n}x_n \leqslant (=, \geqslant) b_2 \\ \cdots\cdots \\ a_{m1}x_1 + a_{m2}x_2 + \cdots + a_{mn}x_n \leqslant (=, \geqslant) b_m \\ x_1, x_2, \cdots, x_n \geqslant 0 & (2-3) \end{cases}$$

在线性规划的数学模型中,式(2-1)称为目标函数;式(2-2)、式(2-3)称为约束条件;式(2-3)也称为变量的非负约束条件。

二、图解法

图解法简单直观,有助于了解线性规划问题求解的基本原理。现对上述例 2-1 用图解法求解。

例 2-1 的模型如下:

$$\max z = 2x_1 + 3x_2$$

$$\begin{cases} x_1 + 2x_2 \leqslant 8 \\ 4x_1 \leqslant 16 \\ 4x_2 \leqslant 12 \\ x_1, x_2 \geqslant 0 \end{cases}$$

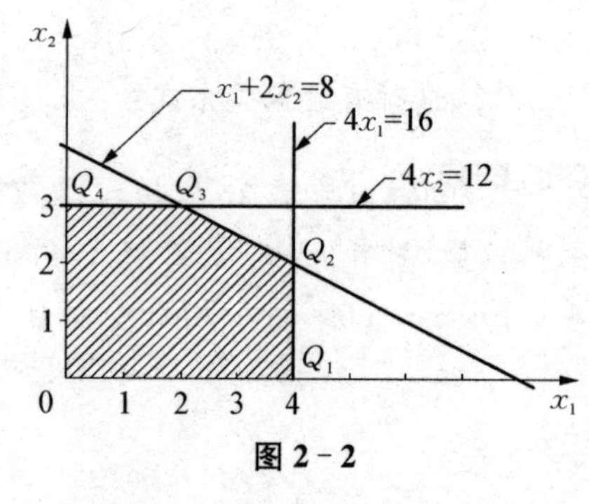

图 2-2

在以 x_1x_2 为坐标轴的直角坐标系中,非负条件是指第一象限,每个约束条件都代表一个半平面。约束条件的点,必然落在 x_1x_2 坐标轴和由这三个半平面交成的区域内。由例 2-1 的所有约束条件为半平面交成的区域见图 2-2 中的阴影部分。阴影区域中的每一个点(包括边界点)都是这个线性规划问题的解(称为可行解),因而此区域是例 2-1 的线性规划问题的解集合,称其为可行域。

再分析目标函数 $z = 2x_1 + 3x_2$,在这个坐标平面上,它可表示以 z 为参数、$-\frac{2}{3}$ 为斜率的一族平行线:$x_2 = -\frac{2}{3}x_1 + \frac{z}{3}$。

由小变大,位于同一直线上的点,具有相同的目标函数值,因而称它为"等值线"时,直线 $x_2 = -\frac{2}{3}x_1 + \frac{z}{3}$ 沿其法线方向向右上方移动。当移动到 Q_2 点时,使 z 值在可行域边界上实现最大化(见图 2－3),这就得到了例 2－1 的最优解 Q_2 点的坐标为(4, 2)。于是可计算出满足所有约束条件下的最大值 $z = 14$。

这说明该厂的最优生产计划方案是:生产 4 件产品Ⅰ,生产 2 件产品Ⅱ,可得最大利润为 14 元。

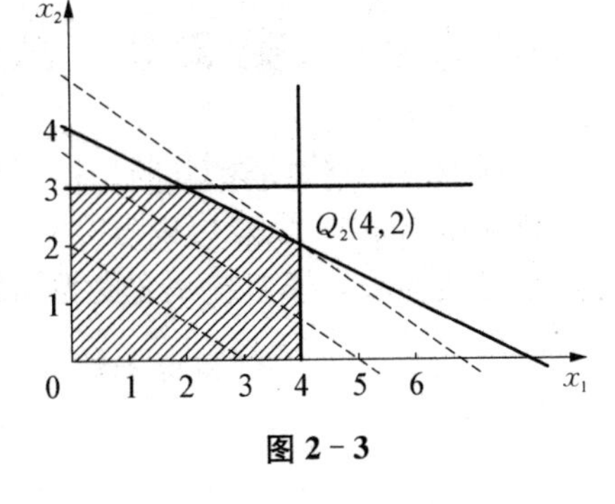

图 2－3

上例中求解得到问题的最优解是唯一的,但对一般线性规划问题,求解结果还可能出现以下几种情况:

1. 无穷多最优解(多重最优解)

若将例 2－1 中的目标函数变为求 $z = 2x_1 + 4x_2$,则表示目标函数中参数 z 的这族平行直线与约束条件 $x_1 + 2x_2 \leqslant 8$ 的边界线平行。当 z 值由小变大时,将与线段 $Q_3 - Q_2$ 重合(见图 2－4),此时这个线性规划问题有无穷多最优解(多重最优解)。

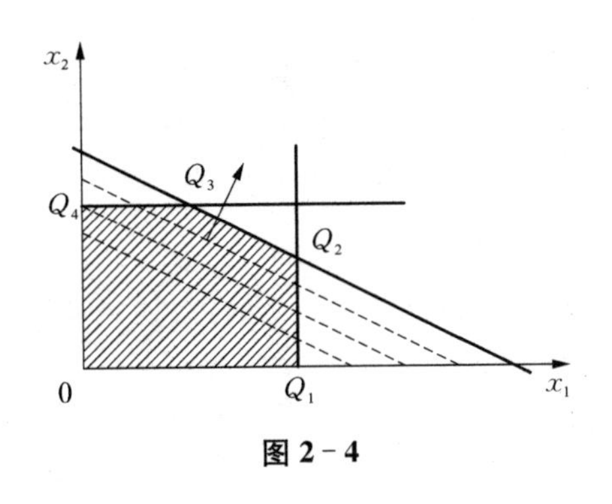

图 2－4

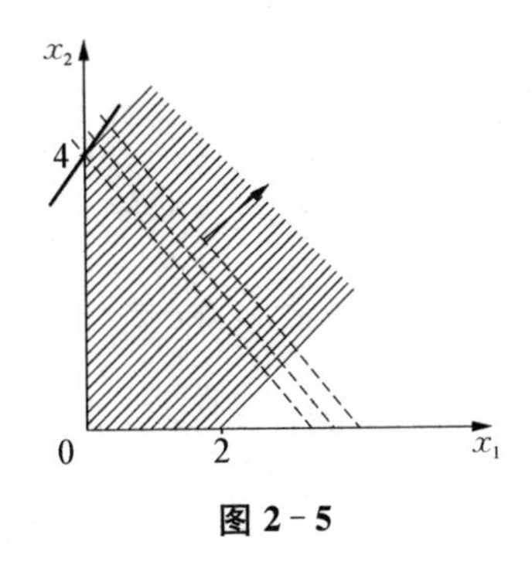

图 2－5

2. 无界解

对下述线性规划问题

$$\max z = x_1 + x_2$$
$$\begin{cases} -2x_1 + x_2 \leqslant 4 \\ x_1 - x_2 \leqslant 2 \\ x_1,\ x_2 \geqslant 0 \end{cases}$$

用图解法求解,结果如图 2－5 所示。从图 2－5 中可以看到,该问题可行域无界,目标函数值可以增大到无穷大,称这种情况为无界解。

3. 无可行解

如果在例 2－1 的数学模型中增加一个约束条件 $x_1 + 1.5x_2 \geqslant 8$,该问题的可行域为空集,即无可行解,也不存在最优解。

当求解结果出现第 2、第 3 两种情况时,一般说明线性规划问题的数学模型有错误。前者缺乏必要的约束条件,后者是有矛盾的约束条件,建模时应注意。从图解法中可以直观地看到,当线性规划问题的可行域非空时,它是有界或无界凸多边形。若线性规划问题存在最优解,它一定在有界可行域的某个顶点得到;若在两个顶点同时得到最优解,则它们连线上的任意一点都是最优解,即有无穷多最优解。

图解法虽然直观、简便,但当变量数多于三个以上时,它就无能为力了。所以,在第 3 节中要介绍一种代数法——单纯形法。为了便于讨论,先规定线性规划问题的数学模型的标准形式。

第2节　线性规划问题的标准形式

由前节可知，线性规划问题有各种不同的形式。目标函数有的要求 max，有的要求 min；约束条件可以是"$<$"，也可以是"$>$"形式的不等式，还可以是等式，决策变量一般是非负约束。将这些形式的数学模型统一变换为标准形式。这里规定的标准形式为：

$$\text{目标函数 } \max z = c_1x_1 + c_2x_2 + \cdots + c_nx_n$$

$$\text{约束条件}\begin{cases} a_{11}x_1 + a_{12}x_2 + \cdots + a_{1n}x_n = b_1 \\ a_{21}x_1 + a_{22}x_2 + \cdots + a_{2n}x_n = b_2 \\ \cdots\cdots \\ a_{m1}x_1 + a_{m2}x_2 + \cdots + a_{mn}x_n = b_n \\ x_1,\ x_2,\ \cdots,\ x_n \geqslant 0 \end{cases}$$

进一步简化为：

$$\max z = CX$$

$$\begin{cases} \sum_{j=1}^{n} P_jx_j = b \\ x_j \geqslant 0,\ j = 1,\ 2,\ \cdots,\ n \end{cases}$$

$$C = (c_1,\ c_2,\ \cdots,\ c_n)$$

$$x = \begin{pmatrix} x_1 \\ x_2 \\ \vdots \\ x_n \end{pmatrix};\ P_j = \begin{pmatrix} a_{1j} \\ a_{2j} \\ \vdots \\ a_{mj} \end{pmatrix};\ b = \begin{pmatrix} b_1 \\ b_2 \\ \vdots \\ b_m \end{pmatrix},\ j = 1,\ 2,\ \cdots,\ n$$

在标准形式中规定各约束条件的右端项 $b_j > 0$，否则等式两端乘以"-1"。以下讨论如何变换为标准形式的问题。

(1) 若要求目标函数实现最小化，即 $\min z = CX$，则只需将目标函数最小化变换求目标函数最大化，即令 $z' = -z$，于是得到 $\max z' = -CX$。

(2) 约束条件为不等式。分两种情况讨论：

若约束条件为"$\leqslant$"形不等式，则可在不等式左端加入非负松弛变量，把原"$\leqslant$"形不等式变为等式约束；

若约束条件为"$\geqslant$"形不等式，则可在不等式左端减去一个非负剩余变量(也称松弛变量)，把不等式约束条件变为等式约束。

(3) 若存在取值无约束的变量 x_k，可令

$$x_k = x'_k - x''_k \qquad x'_k,\ x''_k \geqslant 0$$

[例 2-3] 将例 2-1 的数学模型化为标准形。

例 2-1 的数学模型(简称模型 M)为：

$$\text{目标函数 } \max z = 2x_1 + 3x_2$$

$$\text{约束条件}\begin{cases} x_1 + 2x_2 \leqslant 8 \\ 4x_1 \qquad\quad \leqslant 16 \\ \qquad\ 4x_2 \leqslant 12 \\ x_1, x_2 \geqslant 0 \end{cases}$$

化为标准形：

$$\max z = 2x_1 + 3x_2 \Rightarrow \max z = 2x_1 + 3x_2 + 0x_3 + 0x_4 + 0x_5$$

$$\begin{cases} x_1 + 2x_2 \leqslant 8 \\ 4x_1 \qquad\quad \leqslant 16 \\ \qquad\ 4x_2 \leqslant 12 \\ x_1,\ x_2 \geqslant 0 \end{cases} \Rightarrow \begin{cases} x_1 + 2x_2 + x_3 = 8 \\ 4x_1 + x_4 = 16 \\ 4x_2 + x_5 = 12 \\ x_1,\ x_2,\ x_3,\ x_4,\ x_5 \geqslant 0 \end{cases}$$

线性规划问题的解的概念按照前面给出的线性规划模型为：

$$\max z = \sum_{j=1}^{n} c_j x_j \tag{2-4}$$

$$\begin{cases} \sum_{j=1}^{n} a_{ij} x_j = b_i,\ i = 1,\ 2,\ \cdots,\ m & (2-5) \\ x_j \geqslant 0, \qquad j = 1,\ 2,\ \cdots,\ n & (2-6) \end{cases}$$

(1) 可行解

满足约束条件(2-5)式、(2-6)式的解 $X = (x_1,\ x_2,\ \cdots,\ x_n)^{\mathrm{T}}$，称为线性规划问题的可行解，其中使目标函数达到最大值的可行解称为最优解。

(2) 基

B 是系数矩阵 A 中 $m \times m$ 阶非奇异子矩阵 ($|B| \neq 0$)，称 B 为线性规划问题的基。

$$B = \begin{pmatrix} a_{11} & a_{12} & \cdots & a_{1m} \\ a_{21} & a_{22} & \cdots & a_{2m} \\ \vdots & \vdots & & \vdots \\ a_{m1} & a_{m2} & \cdots & a_{mm} \end{pmatrix} = (P_1,\ P_2,\ \cdots,\ P_m)$$

$P_j(j = 1,\ 2,\ \cdots,\ m)$

$x_j(j = 1,\ 2,\ \cdots,\ m)$

其中，P_j 为基向量，x_j 为基变量。

(3) 基可行解

满足非负条件(2-6)式的基解，称为基可行解。基可行解的非零分量的数目不大于 m，并且都是非负的。

如例 2-1 的基本可行解为：0，Q_1，Q_2，Q_3，Q_4。

(4) 可行基

对应于基可行解的基，称为可行基。约束方程(2-5)具有的基解的数目最多是 C_n^m 个，一般基可行解的数目要小于基解的数目。以上提到了几种解的概念，它们之间的关系可用图 2-7 表示。

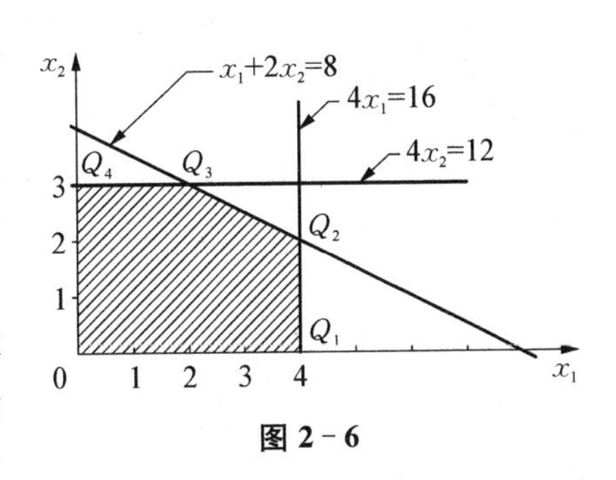

图 2-6

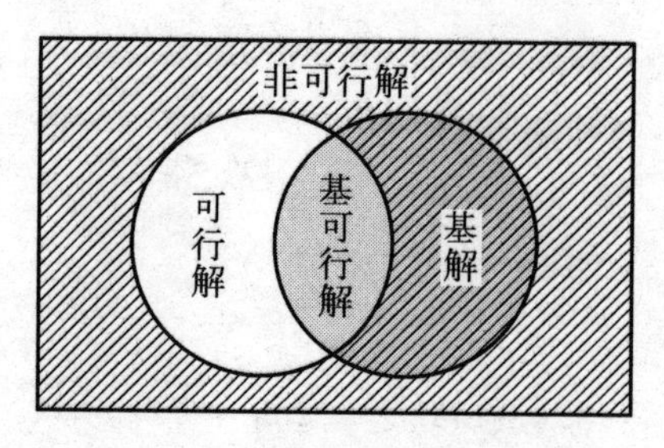

图 2-7

第3节　单纯形法

单纯形法求解线性规划的思路：一般线性规划问题具有线性方程组的变量数大于方程个数，这时有不定的解。但可以从线性方程组中找出一个个的单纯形，每一个单纯形可以求得一组解，然后再判断该解使目标函数值是增大还是减小，以决定下一步选择的单纯形，直到目标函数实现最大值或最小值为止，这就是迭代。

注意：单纯形是指0维中的点，一维中的线段，二维中的三角形，三维中的四面体等多面体。例如，在三维空间中的四面体，其顶点分别为(0, 0, 0)，(1, 0, 0)，(0, 1, 0)，(0, 0, 1)，具有单位截距的单纯形的方程，并且 $z=1, 2, \cdots, m$。这样问题就得到了最优解，先举一例来说明。

一、举例

[例2-4] 试以例2-1来讨论如何用单纯形法求解。例2-1的标准形为：

$$\max z = 2x_1 + 3x_2 + 0x_3 + 0x_4 + 0x_5 \tag{2-7}$$

$$\begin{cases} x_1 + 2x_2 + x_3 = 18 \\ 4x_1 + x_4 = 16 \\ 4x_2 + x_5 = 12 \\ x_j \geqslant 0 \quad j = 1, 2, \cdots, 5 \end{cases} \tag{2-8}$$

约束条件(2-8)式的系数矩阵为：

$$A = (P_1, P_2, P_3, P_4, P_5) = \begin{pmatrix} 1 & 2 & 1 & 0 & 0 \\ 4 & 0 & 0 & 1 & 0 \\ 0 & 4 & 0 & 0 & 1 \end{pmatrix}$$

从(2-8)式可看到 x_3、x_4、x_5 的系数构成的列向量为：

$$P_3 = \begin{pmatrix} 1 \\ 0 \\ 0 \end{pmatrix}, P_4 = \begin{pmatrix} 0 \\ 1 \\ 0 \end{pmatrix}, P_5 = \begin{pmatrix} 0 \\ 0 \\ 1 \end{pmatrix}$$

P_3，P_4，P_5 是线性独立的，这些向量构成一个基 B，对应于 B 的变量 x_3、x_4、x_5 为基变量。

$$
\begin{cases}
x_1 + 2x_2 + x_3 & = 8 \\
4x_1 \quad + x_4 & = 16 \\
4x_2 \quad + x_5 & = 12
\end{cases}
$$

从(2-8)式可以得到(2-9)式：

$$
\begin{cases}
x_3 = 8 - x_1 - 2x_2 \\
x_4 = 16 - 4x_1 \\
x_5 = 12 - 4x_2
\end{cases}
\tag{2-9}
$$

将(2-9)式代入目标函数(2-7)式：

$$
\max z = 2x_1 + 3x_2 + 0x_3 + 0x_4 + 0x_5
$$

得到：

$$
z = 0 + 2x_1 + 3x_2 \tag{2-10}
$$

当令非基变量 $x_1 = x_2 = 0$，便得到 $z = 0$。这时得到一个基可行解 $X(0)$：

$$
X(0) = (0, 0, 8, 16, 12)^{\mathrm{T}}
$$

本基可行解的经济含义是：工厂没有安排生产产品Ⅰ、Ⅱ，资源都没有被利用，所以工厂的利润为 $z = 0$。

从分析目标函数的表达式(2-10)可以看到：

非基变量 x_1，x_2(即没有安排生产产品Ⅰ、Ⅱ)的系数都是正数，因此将非基变量变换为基变量，目标函数的值就可能增大。从经济意义上讲，安排生产产品Ⅰ或Ⅱ，就可以使工厂的利润指标增加。所以，只要在目标函数(2-10)的表达式中还存在正系数的非基变量，就表示目标函数值还有增加的可能，需要将非基变量与基变量进行对换。

二、初始基可行解的确定

为了确定初始基可行解，要首先找出初始可行基，其方法如下：

(1) 直接观察。从线性规划问题

$$
\max z = \sum_{j=1}^{n} c_j x_j \tag{2-11}
$$

$$
\sum_{j=1}^{n} P_j x_j = b \tag{2-12}
$$

$$
x_j \geqslant 0 \quad j = 1, 2, \cdots, n
$$

的系数构成的列向量 $P_j (j = 1, 2, \cdots, n)$ 中，通过直接观察，找出一个初始可行基：

$$
B = (P_1, P_2, \cdots, P_m) = \begin{pmatrix} 1 & & \cdots & \\ & 1 & \cdots & \\ & & \ddots & \\ & & \cdots & 1 \end{pmatrix}
$$

(2) 加松弛变量。对所有约束条件为“$\leqslant$”形式的不等式，采用化标准形的方法，在每个约束条件的左端加上一个松弛变量。经过整理，重新对 x_j 及 $a_{ij} (i = 1, 2, \cdots, m; j = 1, 2, \cdots, n)$

进行编号,则可得下列方程组(x_1, x_2, …, x_m为松弛变量):

$$\begin{cases} x_1 \qquad + a_{1,m+1}x_{m+1} + \cdots + a_{1n}x_n = b_1 \\ \quad x_2 \qquad + a_{2,m+1}x_{m+1} + \cdots + a_{2n}x_n = b_2 \\ \qquad \ddots \quad \cdots \quad \cdots \quad \cdots \quad \cdots \cdots \\ \qquad\quad x_m + a_{m,m+1}x_{m+1} + \cdots + a_{mn}x_n = b_m \\ x_j \geqslant 0, \quad j = 1, 2, \cdots, n \end{cases} \tag{2-13}$$

于是,(2-13)式中含有一个 $m \times m$ 阶的单位矩阵,初始可行基 B 即可取该单位矩阵。

$$B = (P_1, P_2, \cdots, P_m) = \begin{pmatrix} 1 & & \cdots & \\ & 1 & \cdots & \\ & & \ddots & \\ & & \cdots & 1 \end{pmatrix}$$

将(2-13)式每个等式移项得:

$$\begin{cases} x_1 \qquad = b_1 - a_{1,m+1}x_{m+1} - \cdots - a_{1n}x_n \\ \quad x_2 \qquad = b_2 - a_{2,m+1}x_{m+1} - \cdots - a_{2n}x_n \\ \qquad \ddots \quad \cdots \quad \cdots \quad \cdots \quad \cdots \quad \cdots \\ \qquad\quad x_m = b_m - a_{m,m+1}x_{m+1} - \cdots - a_{mn}x_n \end{cases} \tag{2-14}$$

令 $x_{m+1} = x_{m+2} = \cdots = x_n = 0$,由(2-14)式可得:

$$x_i = b_i \quad (i = 1, 2, \cdots, m)$$

得到一个初始基可行解。

又因 $b_i \geqslant 0$,所以得到一个初始基可行解。

$$\begin{aligned} X &= (x_1, x_2, \cdots, x_m, \underbrace{0, \cdots, 0}_{n-m\text{个}})^{\mathrm{T}} \\ &= (b_1, b_2, \cdots, b_m, \underbrace{0, \cdots, 0}_{n-m\text{个}})^{\mathrm{T}} \end{aligned}$$

(3) 加非负的人工变量。对所有约束条件为"≥"形式的不等式及等式约束情况,若不存在单位矩阵,则可采用人造基方法。即对不等式约束,减去一个非负的剩余变量,再加上一个非负的人工变量;对于等式约束,再加上一个非负的人工变量。这样,总能在新的约束条件系数构成的矩阵中得到一个单位矩阵。

三、最优性检验与解的判别

1. 最优解的判别定理

若 $X^{(0)} = (b'_1, b'_2, \cdots, b'_m, 0, \cdots, 0)^{\mathrm{T}}$ 为对应于基 B 的一个基可行解,且对于一切 $j = m+1, \cdots, n$,有 $\sigma_j \leqslant 0$,则 $X^{(0)}$ 为最优解,称 σ_j 为检验数。

2. 无穷多最优解判别定理

若 $X^{(0)} = (b'_1, b'_2, \cdots, b'_m, 0, \cdots, 0)^{\mathrm{T}}$ 为一个基可行解,对于一切 $j = m+1, \cdots, n$,有 $\sigma_j \leqslant 0$,又存在某个非基变量的检验数 $\sigma_{m+k} = 0$,则线性规划问题有无穷多最优解。

证：只需将非基变量 x_{m+k} 换入基变量中，找到一个新基可行解 $X^{(1)}$。因 $\sigma_{m+k}=0$，$z=z_0$，故 $X^{(1)}$ 也是最优解。由前面的定理可知，$X^{(0)}$ 和 $X^{(1)}$ 连线上所有点都是最优解。

3. 无界解判别定理

若 $X^{(0)}=(b'_1, b'_2, \cdots, b'_m, 0, \cdots, 0)^{\mathrm{T}}$ 为一基可行解，有一个 $\sigma_{m+k}>0$，并且对 $i=1, 2, \cdots, m$，有 $a'_{i, m+k}\leqslant 0$，那么该线性规划问题具有无界解(或称无最优解)。

证：构造一个新的解 $x^{(1)}$，它的分量为：

$$x_i^{(1)}=b'_i-\lambda a'_{i,m+k} \quad (\lambda>0)$$

$$x_{m+k}^{(1)}=\lambda$$

$$x_j^{(1)}=0 \quad j=m+1, \cdots, n;\ j\neq m+k$$

因 $a'_{i, m+k}\leqslant 0$，所以对任意的 $\lambda>0$ 都是可行解，把 $x^{(1)}$ 代入目标函数内，得到：

$$z=z_0+\lambda\sigma_{m+k}$$

因 $\sigma_{m+k}>0$，故当 $\lambda\rightarrow+\infty$，则 $z\rightarrow+\infty$，故该问题目标函数无界。

以上讨论都是针对标准形的，即求目标函数极大化时的情况。当要求目标函数极小化时，一种情况是将其化为标准形。

如果不化为标准形，只需在上述第 1、第 2 点中把 $\sigma_j\leqslant 0$ 改为 $\sigma_j\geqslant 0$，在第 3 点中将 $\sigma_{m+k}>0$ 改写为 $\sigma_{m+k}<0$ 即可。

四、基变换

若初始基可行解 $X^{(0)}$ 不是最优解及不能判别无界时，需要找一个新的基可行解。具体做法是从原可行解基中换一个列向量(当然要保证线性独立)，得到一个新的可行基，称为基变换。为了换基，先要确定换入变量，再确定换出变量，将它们相应的系数列向量进行对换，就得到一个新的基可行解。

1. 换入变量的确定

由前面可知，当某些 $\sigma_j>0$ 时，若 x_j 增大，则目标函数值还可以增大。这时需要将某个非基变量 x_j 换到基变量中去(称为换入变量)。若有两个以上的 $\sigma_j>0$，那么选哪个非基变量作为换入变量呢？为了使目标函数值增加得快，从直观上看应选 $\sigma_j>0$ 中的较大者，即由 $\max\limits_j(\sigma_j>0)=\sigma_k$，应选择 x_k 为换入变量。

2. 换出变量的确定

设 $P_1, P_2, \cdots, P_m$ 是一组线性独立的向量组，它们对应的基可行解是 $X^{(0)}$，将它代入约束方程组(2-12)得到：

$$\sum_{i=1}^{m} x_i^{(0)} P_i=b \tag{2-15}$$

其他的向量 $P_{m+1}, P_{m+2}, \cdots, P_{m+t}, \cdots, P_n$ 都可以用 $P_1, P_2, \cdots, P_m$ 线性表示。若确定非基变量 P_{m+t} 为换入变量，必然可以找到一组不全为 0 的数($i=1, 2, \cdots, m$)，使得：

$$P_{m+t}=\sum_{i=1}^{m}\beta_{i, m+t}P_i \quad P_{m+t}-\sum_{i=1}^{m}\beta_{i, m+t}P_i=0 \tag{2-16}$$

在(2-16)式两边同乘一个正数 θ，然后将它加到(2-15)式上，得到：

$$\sum_{i=1}^{m} x_i^{(0)} P_i + \theta(P_{m+t} - \sum_{i=1}^{m} \beta_{i,\,m+t} P_i) = b$$

$$\sum_{i=1}^{m} (x_i^{(0)} - \theta\beta_{i,\,m+t}) P_i + \theta P_{m+t} = b \tag{2-17}$$

当θ取适当值时，就能得到满足约束条件的一个可行解（即非零分量的数目不大于m个）。就应使$(x_i^{(0)} - \theta\beta_{i,\,m+t})$，$i = 1, 2, \cdots, m$中的某一个为零并保证其余的分量为非负。这个要求可以用以下办法达到：比较各比值$(x_i^{(0)} - \theta\beta_{i,\,m+t})$，$i = 1, 2, \cdots, m$。又因为$\theta$必须是正数，所以只选择$\dfrac{x_i^{(0)}}{\beta_{i,\,m+t}}$ $(i = 1, 2, \cdots, m)$中比值最小的等于θ，以上描述用数学式表示为：

$$\theta = \min_i \left(\frac{x_i^{(0)}}{\beta_{i,\,m+t}} \middle| \beta_{i,\,m+t} > 0 \right) = \frac{x_l^{(0)}}{\beta_{i,\,m+t}}$$

这时x_i为换出变量。按最小比值确定θ值，称为最小比值规则。将$\theta = \dfrac{x_l^{(0)}}{\beta_{i,\,m+t}}$代入$X$中，便得到新的基可行解。

由此可见，$X^{(1)}$的m个非零分量对应的列向量$P_j$$(j=1,2, \cdots, m,\ j \neq l)$与$P_{m+t}$是线性独立的，即经过基变换得到的解是基可行解。

实际上，从一个基可行解到另一个基可行解的变换，就是进行一次基变换。从几何意义上讲，就是从可行域的一个顶点转向另一个顶点。

五、迭代(旋转运算)

上述讨论的基可行解的转换方法是用向量方程描述的，在实际计算时不太方便，因此下面介绍系数矩阵法。

考虑以下形式的约束方程组

$$\begin{cases} x_1 \quad\quad\quad\quad + a_{1,\,m+1} x_{m+1} + \cdots + a_{1k} x_k + \cdots + a_{1n} x_n = b_1 \\ \quad x_2 \quad\quad\quad + a_{2,m+1} x_{m+1} + \cdots + a_{2k} x_k + \cdots + a_{2n} x_n = b_2 \\ \quad\quad \ddots \quad\quad \cdots \quad \cdots \quad \cdots \quad \cdots \cdots \\ \quad\quad\quad x_l \quad + a_{l,m+1} x_{m+1} + \cdots + a_{lk} x_k + \cdots + a_{ln} x_n = b_l \\ \quad\quad\quad\quad x_m + a_{m,\,m+1} x_{m+1} + \cdots + a_{mk} x_k + \cdots + a_{m} x_n = b_m \end{cases} \tag{2-18}$$

一般线性规划问题的约束方程组中加入松弛变量或人工变量后，很容易得到上述形式。

设$x_1, x_2, \cdots, x_m$为基变量，对应的系数矩阵是$m \times m$单位阵I，它是可行基。令非基变量$x_{m+1}, x_{m+2}, \cdots, x_n$为零，即可得到一个基可行解。

若它不是最优解，则要另找一个使目标函数值增大的基可行解。这时从非基变量中确定x_k为换入变量。显然这时$\theta = \min\limits_i \left(\dfrac{x_i^{(0)}}{\beta_{i,\,m+t}} \middle| \beta_{i,\,m+t} > 0 \right) = \dfrac{x_l^{(0)}}{\beta_{i,m+t}}$。

在迭代过程中$\theta = \min\limits_i \left(\dfrac{b'_i}{a'_{ik}} \middle| a'_{ik} > 0 \right) = \dfrac{b'_l}{a'_{lk}}$。

按θ规则确定x_l为换出变量，x_k，x_l的系数列向量分别为：

$$P_k = \begin{bmatrix} a_{1k} \\ a_{2k} \\ \vdots \\ a_{lk} \\ \vdots \\ a_{mk} \end{bmatrix};\ P_l = \begin{pmatrix} 0 \\ \vdots \\ 1 \\ 0 \\ \vdots \\ 0 \end{pmatrix} \quad \text{第 1 个分量}$$

［**例 2－5**］ 试用上述方法计算例 2－4 的两个基变换。

解：例 2－4 的约束方程组的系数矩阵写成增广矩阵

$$\begin{matrix} x_1 & x_2 & x_3 & x_4 & x_5 & b \end{matrix}$$

$$\left(\begin{array}{ccccc|c} 1 & 2 & 1 & 0 & 0 & 8 \\ 4 & 0 & 0 & 1 & 0 & 16 \\ 0 & 4 & 0 & 0 & 1 & 12 \end{array}\right)$$

当以 x_3，x_4，x_5 为基变量，x_1，x_2 为非基变量，令 x_1，$x_2 = 0$，可得到一个基可行解 $X^{(0)} = (0, 0, 8, 16, 12)$。

第 4 节　单纯形法的计算步骤

若将 z 看作不参与基变换的基变量，它与 x_1，x_2，…，x_m 的系数构成一个基，这时可采用行初等变换将 c_1，c_2，…，c_m 变换为零，使其对应的系数矩阵为单位矩阵。得到初始单纯形表如下：

$$\begin{matrix} -z & x_1 & x_2 & \cdots & x_m & x_{m+1} & \cdots & x_n & b \end{matrix}$$

$$\left(\begin{array}{cccccccc|c} 0 & 1 & 0 & \cdots & 0 & a_{1,\,m+1} & \cdots & a_{1n} & b_1 \\ 0 & 0 & 1 & \cdots & 0 & a_{2,\,m+1} & \cdots & a_{2n} & b_2 \\ \vdots & \vdots & & & \vdots & \vdots & & \vdots & \vdots \\ 0 & 0 & 0 & \cdots & 0 & a_{m,\,m+1} & \cdots & a_{mn} & b_m \\ 1 & 0 & 0 & \cdots & 0 & c_{m+1} - \sum\limits_{i=1}^{m} c_i a_{i,\,m+1} & \cdots & c_n - \sum\limits_{i=1}^{m} c_i a_{in} & -\sum\limits_{i=1}^{m} c_i b_i \end{array}\right)$$

计算步骤：

(1) 按数学模型确定初始可行基和初始基可行解，建立初始单纯形表。

(2) 计算各非基变量 x_j 的检验数，$\sigma_j = c_j - \sum\limits_{i=1}^{m} c_i a_{ij}$，检查检验数，若所有检验数 $\sigma_j \leqslant 0$，$j = 1, 2, \cdots, n$，则已得到最优解，可停止计算；否则，转入下一步。

(3) 在 $\sigma_j > 0$，$j = m+1, \cdots, n$ 中，若有某个 σ_k 对应 x_k 的系数列向量 $P_k \leqslant 0$，则此问题是无界的，停止计算；否则，转入下一步。

(4) 根据 $\max(\sigma_j > 0) = \sigma_k$，确定 x_k 为换入变量，按 θ 规则计算：

$$\theta = \min\left(\frac{b_i}{a_{ik}} \middle| a_{ik} > 0\right) = \frac{b_l}{a_{lk}}$$

(5) 以 a_{lk} 为主元素进行迭代(即用高斯消去法或称为旋转运算),把 x_k 所对应的列向量

$$P_k = \begin{pmatrix} a_{1k} \\ a_{2k} \\ \vdots \\ a_{lk} \\ \vdots \\ a_{mk} \end{pmatrix} \Rightarrow \begin{pmatrix} 0 \\ 0 \\ \vdots \\ 1 \\ \vdots \\ 0 \end{pmatrix} \quad \text{第 } l \text{ 行}$$

将 x_B 列中的 x_l 换为 x_k,得到新的单纯形表。重复步骤(2)~步骤(5),直到终止。

现用例 2-1 的标准形来说明上述计算步骤。

$$\max z = 2x_1 + 3x_2 + 0x_3 + 0x_4 + 0x_5$$

$$\begin{cases} x_1 + 2x_2 + x_3 = 8 \\ 4x_1 + x_4 = 16 \\ 4x_2 + x_5 = 12 \\ x_j \geqslant 0 \quad j = 1, 2, \cdots, 5 \end{cases}$$

(1) 取松弛变量 x_3, x_4, x_5 为基变量,它对应的单位矩阵为基。这就得到初始基可行解 $X^{(0)} = (0,0,8,16,12)^{\mathrm{T}}$ 将有关数字填入表中,得到初始单纯形表(见表 2-2)。表中左上角的 c_j 是表示目标函数中各变量的价值系数。在 C_B 列填入初始基变量的价值系数,它们都为零。

表 2-2

$c_j \rightarrow$			2	3	0	0	0	
C_B	X_B	b	x_1	x_2	x_3	x_4	x_5	θ
0	x_3	8	1	2	1	0	0	8/2=4
0	x_4	16	4	0	0	1	0	—
0	x_5	12	0	[4]	0	0	1	12/4=3
$-z$		0	2	3	0	0	0	

各非基变量的检验数为:

$\sigma_1 = c_1 - z_1 = 2 - (0 \times 1 + 0 \times 4 + 0 \times 0) = 2$

$\sigma_2 = c_2 - z_2 = 3 - (0 \times 2 + 0 \times 0 + 0 \times 4) = 3$

填入表 2-3 的底行对应非基变量处。

(2) 因检验数都大于零,且 P_1, P_2 有正分量存在,转入下一步。

(3) $\max(\sigma_1, \sigma_2) = \max(2, 3) = 3$, 对应的变量 x_2 为换入变量,计算 θ:

$$\theta = \min_i \left(\frac{b_i}{a_{i2}} \middle| a_{i2} > 0 \right) = \min\left(\frac{8}{2}, -, \frac{12}{4} \right) = 3$$

它所在行对应的 x_5 为换出变量,x_2 所在列和 x_5 所在行的交叉处[4]称为主元素。

(4) 以[4]为主元素进行旋转运算或迭代运算，即初等行变换，使 P_2 变换为 $(0,0,1)^T$，在 X_B 列中将 x_2 替换 x_5，于是得到新表 2 - 3。

表 2 - 3

$c_j \rightarrow$			2	3	0	0	0	
C_B	X_B	b	x_1	x_2	x_3	x_4	x_5	θ
0	x_3	2	[1]	0	1	0	$-1/2$	2
0	x_4	16	4	0	0	1	0	4
3	x_2	3	0	1	0	0	1/4	—
$-z$		-9	2	0	0	0	$-3/4$	

(5) 检查表 2 - 3 的所有 $c_j - z_j$，这时有 $c_1 - z_1 = 2$，说明 x_1 应为换入变量。重复(2)～(4)的计算步骤，得表 2 - 4。

表 2 - 4

$c_j \rightarrow$			2	3	0	0	0	
C_B	X_B	b	x_1	x_2	x_3	x_4	x_5	θ
2	x_1	2	1	0	1	0	$-1/2$	—
0	x_4	8	0	0	-4	1	[2]	4
3	x_2	3	0	1	0	0	1/4	12
$-z$		-13	0	0	-2	0	1/4	

因为还存在检验数>0，继续进行迭代。

(6) 表 2 - 5 最后一行的所有检验数都已为负或零。这表示目标函数值已不可能再增大，于是得到最优解。

表 2 - 5

$c_j \rightarrow$			2	3	0	0	0	
C_B	X_B	b	x_1	x_2	x_3	x_4	x_5	θ
2	x_1	4	1	0	1	1/4	0	
0	x_5	4	0	0	-2	1/2	1	
3	x_2	2	0	1	1/2	$-1/8$	0	
$-z$		-14	0	0	$-3/2$	$-1/8$	0	

$X^* = X^{(3)} = (4, 2, 0, 0, 4)^T$

目标函数的最大值 $z^* = 14$

单纯形法小结

根据实际问题给出数学模型，列出初始单纯形表。进行标准化，见表 2 - 6。分别以每个约束条件中的松弛变量或人工变量为基变量，列出初始单纯形表。

表 2-6

变　量	$x_j \geqslant 0$ $x_j \leqslant 0$ x_j无约束	不需要处理 令 $x'_j = -x_j$, $x'_j \geqslant 0$ 令 $x_j = x'_j - x''_j$, x'_j, $x''_j \geqslant 0$
约束条件	$b \geqslant 0$ $b < 0$ $\geqslant$ $=$ $\leqslant$	不需要处理 约束条件两端同乘-1 加松弛变量 加人工变量 减去剩余(松弛)变量,加人工变量
目标函数	$\max z$ $\min z$ 加入变量的系数 松弛变量 人工变量	不需要处理 令 $z' = -z$, 求 $\max z'$ 0 $-M$

第5节　应 用 举 例

一般来讲,一个经济、管理问题凡满足以下条件时,才能建立线性规划模型:

(1) 要求解问题的目标函数能用数值指标来表示,且为线性函数;

(2) 存在着多种方案及有关数据;

(3) 要求达到的目标是在一定约束条件下实现的,这些约束条件可用线性等式或不等式来描述。

[例 2-6] 合理利用线材问题。现要做 100 套钢架,每套需用长为 2.9 米、2.1 米和 1.5 米的圆钢各一根。已知原料长 7.4 米,问应如何下料,使用的原材料最省?

解:最简单做法是,在每一根原材料上截取 2.9 米、2.1 米和 1.5 米的圆钢各一根组成一套,每根原材料剩下料头 0.9 米(7.4−2.9−2.1−1.5=0.9)。为了做 100 套钢架,需用原材料 100 根,共有 90 米料头。若改为用套裁,这可以节约原材料。下面有几种套裁方案,都可以考虑采用(见表 2-7)。

表 2-7

下料根数 \ 长度(米)	方案 Ⅰ	Ⅱ	Ⅲ	Ⅳ	Ⅴ
2.9	1	2		1	
2.1	0		2	2	1
1.5	3	1	2		3
合计	7.4	7.3	7.2	7.1	6.6
料头	0	0.1	0.2	0.3	0.8

为了得到 100 套钢架,需要混合使用各种下料方案。设按Ⅰ方案下料的原材料根数为 x_1,Ⅱ方案为 x_2,Ⅲ方案为 x_3,Ⅳ方案为 x_4,Ⅴ方案为 x_5。根据表 2-7 的方案,可列出以下数学模型:

$$\min z = 0x_1 + 0.1x_2 + 0.2x_3 + 0.3x_4 + 0.8x_5$$

$$\begin{cases} x_1 + 2x_2 + x_4 = 100 \\ 2x_3 + 2x_4 + x_5 = 100 \\ 3x_1 + x_2 + 2x_3 + 3x_5 = 100 \\ x_1, x_2, x_3, x_4, x_5 \geqslant 0 \end{cases}$$

[例2-7]　(配料问题)某工厂要用三种原材料C、P、H混合调配出三种不同规格的产品A、B、D。已知产品的规格要求、产品单价、每天能供应的原材料数量及原材料单价,分别见表2-8和表2-9。该厂应如何安排生产,使利润收入为最大?

解:如以A_C表示产品A中C的成分,A_P表示产品A中P的成分,以此类推。

表2-8

产品名称	规格要求	单价(元/千克)
A	原材料C不少于50% 原材料P不超过25%	50
B	原材料C不少于25% 原材料P不超过50%	35
D	不限	25

表2-9

原材料名称	每天最多供应量(千克)	单价(元/千克)
C	100	65
P	100	25
H	60	35

$$A_C \geqslant \frac{1}{2}A,\ A_P \leqslant \frac{1}{4}A,\ B_C \geqslant \frac{1}{4}B,\ B_P \leqslant \frac{1}{2}B \tag{2-19}$$

这里

$$A_C + A_P + A_H = A;\ B_C + B_P + B_H = B \tag{2-20}$$

将(2-20)式逐个代入(2-19)式并整理得到:

$$-\frac{1}{2}A_C + \frac{1}{2}A_P + \frac{1}{2}A_H \leqslant 0$$

$$-\frac{1}{4}A_C + \frac{3}{4}A_P - \frac{1}{4}A_H \leqslant 0$$

$$-\frac{3}{4}B_C + \frac{1}{4}B_P + \frac{1}{4}B_H \leqslant 0$$

$$-\frac{1}{2}B_C + \frac{1}{4}B_P - \frac{1}{2}B_H \leqslant 0$$

表2-9表明这些原材料供应数量的限额。加入到产品A、B、D的原材料C总量每天不超过100千克,P的总量不超过100千克,H总量不超过60千克。

由此得约束条件：

$$A_C + B_C + D_C \leqslant 100$$
$$A_P + B_P + D_P \leqslant 100$$
$$A_H + B_H + D_H \leqslant 60$$

在约束条件中共有9个变量，为了计算和叙述方便，分别用 $x_1, \cdots, x_9$ 表示。令

$$x_1 = A_C,\ x_2 = A_P,\ x_3 = A_H,$$
$$x_4 = B_C,\ x_5 = B_P,\ x_6 = B_H,$$
$$x_7 = D_C,\ x_8 = D_P,\ x_9 = D_H$$

约束条件可表示为：

$$\begin{cases} -\frac{1}{2}x_1 + \frac{1}{2}x_2 + \frac{1}{2}x_3 \leqslant 0 \\ -\frac{1}{4}x_1 + \frac{3}{4}x_2 - \frac{1}{4}x_3 \leqslant 0 \\ -\frac{3}{4}x_4 + \frac{1}{4}x_5 + \frac{1}{4}x_6 \leqslant 0 \\ -\frac{1}{2}x_4 + \frac{1}{2}x_5 - \frac{1}{2}x_6 \leqslant 0 \\ x_1 + x_4 + x_7 \leqslant 100 \\ x_2 + x_5 + x_8 \leqslant 100 \\ x_3 + x_6 + x_9 \leqslant 60 \\ x_1, \cdots, x_9 \geqslant 0 \end{cases}$$

目标函数：目的是使利润最大，即产品价格减去原材料的价格为最大。

产品价格为：$50(x_1 + x_2 + x_3)$ ——产品 A

$35(x_4 + x_5 + x_6)$ ——产品 B

$25(\mathbf{x}_7 + \mathbf{x}_8 + \mathbf{x}_9)$ ——产品 D

原材料价格为：$65(x_1 + x_4 + x_7)$ ——原材料 C

$25(x_2 + x_5 + x_8)$ ——原材料 P

$35(x_3 + x_6 + x_9)$ ——原材料 H

为了得到初始解，在约束条件中加入松弛变量 $x_{10} \sim x_{16}$，得到数学模型：

$$\max z = -15x_1 + 25x_2 + 15x_3 - 30x_4 + 10x_5 - 40x_7 - 10x_9 + 0(x_{10} + x_{11} + x_{12} + x_{13} + x_{14} + x_{15} + x_{16})$$

$$\begin{cases} -\frac{1}{2}x_1 + \frac{1}{2}x_2 + \frac{1}{2}x_3 + x_{10} = 0 \\ -\frac{1}{4}x_1 + \frac{3}{4}x_2 - \frac{1}{4}x_3 + x_{11} = 0 \\ -\frac{3}{4}x_4 + \frac{1}{4}x_5 + \frac{1}{4}x_6 + x_{12} = 0 \\ -\frac{1}{2}x_4 + \frac{1}{2}x_5 - \frac{1}{2}x_6 + x_{13} = 0 \\ x_1 + x_4 + x_7 + x_{14} = 100 \\ x_2 + x_5 + x_8 + x_{15} = 100 \\ x_3 + x_6 + x_9 + x_{16} = 60 \\ x_1, \cdots, x_9, x_{10}, \cdots, x_{16} \geqslant 0 \end{cases}$$

用单纯形法计算,经过四次迭代,得最优解为:

$x_1 = 100$, $x_2 = 50$, $x_3 = 50$

这表示:需要用原料 C 为 100 千克,P 为 50 千克,H 为 50 千克,构成产品 A。

即每天只生产产品 A 200 千克,分别需要用原料 C 为 100 千克,P 为 50 千克,H 为 50 千克。

将所得结果代回目标函数中得到,总利润 $z = 500$ 元/天。

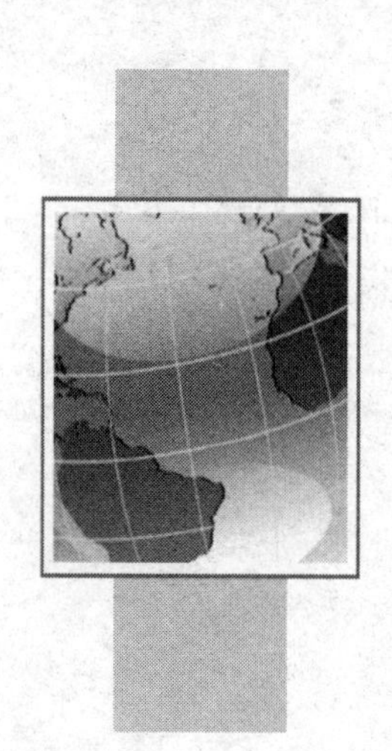

第3章 对偶理论

第1节　对偶问题的提出

每一个线性规划问题,都存在一个与它密切相关的线性规划问题,我们称其中的任意一个为原问题,另一个为对偶问题。

[例3-1]　某工厂在计划期内安排Ⅰ、Ⅱ两种产品,生产单位产品所需设备A、B、C台时如表3-1所示:

表3-1

	Ⅰ	Ⅱ	资源限制
设备A	1	1	300台时
设备B	2	1	400台时
设备C	0	1	250台时

该工厂每生产一单位产品Ⅰ可获利50元,每生产一单位产品Ⅱ可获利100元,问工厂应分别生产多少产品Ⅰ和产品Ⅱ,才能使工厂获利最多?

解:设 x_1 为产品Ⅰ的计划产量,x_2 为产品Ⅱ的计划产量,则有:

$$\text{目标函数:}\quad \max z = 50x_1 + 100x_2$$

$$\text{约束条件}\begin{cases} x_1 + x_2 \leqslant 300 \\ 2x_1 + x_2 \leqslant 400 \\ x_2 \leqslant 250 \\ x_1,\ x_2 \geqslant 0 \end{cases}$$

现在我们从另一个角度来考虑这个问题。假如有另外一个工厂要求租用该厂的设备A、

B、C,那么该厂的厂长应该如何来确定合理的租金呢?

设 y_1，y_2，y_3 分别为设备 A、B、C 的每台时的租金。为了叙述方便,这里把租金定义为扣除成本后的利润。作为出租者来说,把生产单位Ⅰ产品所需各设备的台时出租后,所获得的租金不应低于原来其创造的利润,即 50 元,于是有 $y_1 + 2y_2 \geqslant 50$; 否则就不出租,还是用于生产Ⅰ产品以获利 50 元。同样,把生产单位Ⅱ产品所需各设备的台时出租后所获得的租金也不应低于原利润 100 元,即 $y_1 + y_2 + y_3 \geqslant 100$; 否则这些设备台时就不出租,还是用于生产Ⅱ产品以获利 100 元。但对于租用者来说,他要求在满足上述要求的前提下,也就是在出租者愿意出租的前提下尽量要求全部设备台时的总租金越低越好,即 $\min f = 300y_1 + 400y_2 + 250y_3$，这样我们得到了该问题的数学模型:

$$\text{目标函数:}\quad \min f = 300y_1 + 400y_2 + 250y_3$$

$$\text{约束条件}\begin{cases} y_1 + 2y_2 \geqslant 50 \\ y_1 + y_2 + y_3 \geqslant 100 \\ y_1,\ y_2,\ y_3 \geqslant 0 \end{cases}$$

这样从两个不同的角度来考虑同一个工厂的最大利润(最小租金)的问题,所建立起来的两个线性模型就是一对对偶问题,其中一个称作原问题,而另外一个称作对偶问题。

如果我们把求目标函数最大值的线性规划问题看成原问题,则求目标函数最小值的线性规划问题就是它的对偶问题。下面来研究这两个问题在数学模型上的关系:

(1) 求目标函数最大值的线性规划问题中有 n 个变量、m 个约束条件,它的约束条件都是小于等于不等式。而其对偶则是求目标函数为最小值的线性规划问题,有 m 个变量、n 个约束条件,其约束条件都为大于等于不等式。

(2) 原问题的目标函数中的变量系数为对偶问题中的约束条件的右边常数项,并且原问题的目标函数中的第 i 个变量的系数就等于对偶问题中的第 i 个约束条件的右边常数项。

(3) 原问题的约束条件的右边常数项为对偶问题的目标函数中的变量的系数,并且原问题的第 i 个约束条件的右边常数项就等于对偶问题的目标函数中的第 i 个变量的系数。

(4) 对偶问题的约束条件的系数矩阵 A 是原问题约束矩阵的转置。即:

设

$$A = \begin{pmatrix} a_{11} & a_{12} & \cdots & a_{1n} \\ \cdots & \cdots & \cdots & \cdots \\ a_{m1} & a_{m2} & \cdots & a_{mn} \end{pmatrix}$$

则

$$A^{\mathrm{T}} = \begin{pmatrix} a_{11} & a_{21} & \cdots & a_{m1} \\ \vdots & \vdots & & \vdots \\ a_{1n} & a_{2n} & \cdots & a_{mn} \end{pmatrix}$$

如果我们用矩阵形式来表示,则有原问题:

$$\max z = cx$$

$$\begin{cases} Ax \leqslant b \\ x \geqslant 0 \end{cases} \tag{Ⅰ}$$

其中，A 是 $m\times n$ 矩阵，该问题有 m 个约束条件、n 个变量，$x=(x_1, x_2, \cdots, x_n)^{\mathrm{T}}$，$b=(b_1, b_2, \cdots, b_m)^{\mathrm{T}}$，$c=(c_1, c_2, \cdots, c_n)$。

其对偶问题为：

$$\min f = b^{\mathrm{T}}\cdot y$$
$$\begin{cases} A^{\mathrm{T}}\cdot y \geqslant c^{\mathrm{T}} \\ y \geqslant 0 \end{cases} \tag{Ⅱ}$$

其中，A^{T} 是 A 的转置，b^{T} 是 b 的转置，c^{T} 是 c 的转置，$y=(y_1, y_2, \cdots, y_m)^{\mathrm{T}}$。

总结起来，我们可以把线性规划原问题和对偶问题的对应关系归纳为表 3-2 中的内容。

表 3-2

原问题(或对偶问题)		对偶问题(或原问题)	
目标函数 $\max z$		目标函数 $\min f$	
约束条件	m 个 $\leqslant$ $\geqslant$ $=$	m 个 $\geqslant 0$ $\leqslant 0$ 无非负限制	变　量
变　量	n 个 $\geqslant 0$ $\leqslant 0$ 无非负限制	n 个 $\geqslant$ $\leqslant$ $=$	约束条件
目标函数的系数 约束条件右端常数 约束条件系数矩阵 A		约束条件右端常数 目标函数的系数 约束条件系数矩阵 A^{T}	

[例 3-2] 写出下面线性规划问题的对偶问题：

$$\max z = 3x_1 + 4x_2 + 6x_3$$
$$\begin{cases} 2x_1 + 3x_2 + 6x_3 \leqslant 440 \\ 6x_1 - 4x_2 - x_3 \geqslant 100 \\ 5x_1 - 3x_2 + x_3 = 200 \\ x_1, x_2, x_3 \geqslant 0 \end{cases}$$

解：按照上述原则和要求，我们可以写出其对偶问题为：

$$\min f = 440y_1 + 100y_2 + 200y_3$$
$$\begin{cases} 2y_1 + 6y_2 + 5y_3 \geqslant 3 \\ 3y_1 - 4y_2 - 3y_3 \geqslant 4 \\ 6y_1 - y_2 + y_3 \geqslant 6 \\ y_1 \geqslant 0,\ y_2 \leqslant 0,\ y_3 \text{ 无非负限制} \end{cases}$$

[例 3-3] 写出下面线性规划问题的对偶问题：

$$\min f = 3x_1 + 9x_2 + 4x_3$$
$$\begin{cases} x_1 + 2x_2 + 3x_3 = 180 \\ 2x_1 - 3x_2 + x_3 \leqslant 60 \\ 5x_1 + 3x_2 \geqslant 240 \\ x_1,\ x_2 \geqslant 0,\ x_3 \text{ 无非负限制} \end{cases}$$

解：按照上述原则，我们得到其对偶问题为：

$$\max z = 180y_1 + 60y_2 + 240y_3$$
$$\begin{cases} y_1 + 2y_2 + 5y_3 \leqslant 3 \\ 2y_1 - 3y_2 + 3y_3 \leqslant 9 \\ 3y_1 + y_2 = 4 \\ y_1 \text{ 无非负限制},\ y_2 \leqslant 0,\ y_3 \geqslant 0 \end{cases}$$

第2节　对偶问题的基本性质

性质1　对称性。对偶问题的对偶是原问题。

性质2　弱对偶性。

(1) 原问题任一可行解的目标函数值是其对偶问题目标函数值的下界；反之，对偶问题任一可行解的目标函数值是其原问题目标函数值的上界。

(2) 如原问题具有无界解，则其对偶问题无可行解；反之，对偶问题有可行解且目标函数值无界，则其原问题无可行解（注意：此性质的逆不成立，当对偶问题无可行解时，其原问题或具有无界解或无可行解，反之亦然）。

(3) 若原问题有可行解而其对偶问题无可行解，则原问题目标函数值无界；反之，对偶问题有可行解而其原问题无可行解，则对偶问题的目标函数值无界。

性质3　最优性。如果 $\hat{X}$ 是原问题(Ⅰ)的可行解，$\hat{Y}$ 是对偶问题(Ⅱ)的可行解，并且 $C\hat{X} = b^{\mathrm{T}}\hat{Y}$，则 $\hat{X}$ 和 $\hat{Y}$ 分别为原问题(Ⅰ)和对偶问题(Ⅱ)的最优解。

性质4　强对偶性。即若原问题(Ⅰ)及其对偶问题(Ⅱ)都有可行解，则两者都有最优解，且它们的最优解的目标函数相等。

性质5　互补松弛性。在线性规划问题的最优解中，如果对应某一约束条件的对偶变量值为非零，则该约束条件取严格等式；反之，如果约束条件取严格不等式，则其对应的对偶变量一定为零。

[**例3-4**]　已知线性规划问题：

$$\max z = 2x_1 + 2x_2 + x_3 + x_4$$
$$\begin{cases} x_1 + 2x_2 + 3x_3 + 4x_4 \leqslant 20 \\ 4x_1 + 3x_2 + 2x_3 + x_4 \leqslant 20 \\ x_1,\ x_2,\ x_3,\ x_4 \geqslant 0 \end{cases}$$

其对偶问题的最优解为 $y_1 = \dfrac{1}{10}$，$y_2 = \dfrac{3}{5}$，目标函数最小值为14。试用互补松弛性求原问题的最优解。

解：先写出它的对偶问题

$$\min f = 20y_1 + 20y_2$$

$$\begin{cases} y_1 + 4y_2 \geqslant 2 \cdots\cdots\cdots\cdots\cdots\cdots (1) \\ 2y_1 + 3y_2 \geqslant 2 \cdots\cdots\cdots\cdots\cdots\cdots (2) \\ 3y_1 + 2y_2 \geqslant 1 \cdots\cdots\cdots\cdots\cdots\cdots (3) \\ 4y_1 + \ \ y_2 \geqslant 1 \cdots\cdots\cdots\cdots\cdots\cdots (4) \\ y_1,\ y_2 \geqslant 0 \end{cases}$$

将 $y_1 = \frac{1}{10}$，$y_2 = \frac{3}{5}$ 代入以上四个约束条件，得(1)、(3)式为严格不等式，由互补松弛性得 $x_1 = x_3 = 0$。

又因为 y_1，$y_2 \geqslant 0$，原问题的两个约束条件应取等式，故有：

$$\begin{cases} 2x_2 + 4x_4 = 20 \\ 3x_2 + \ \ x_4 = 20 \end{cases}$$

求解得 $x_2 = 6$，$x_4 = 2$，故原问题的最优解为 $X = (0,\ 6,\ 0,\ 2)^{\mathrm{T}}$。

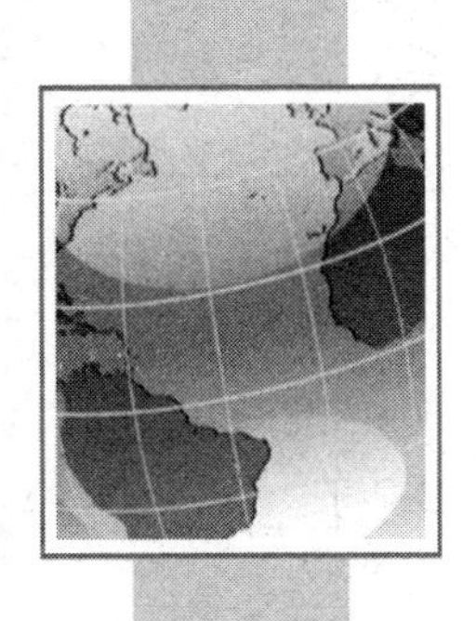

第 4 章 运输问题

前两章讨论了一般线性规划问题的单纯形法求解方法。但在实际工作中，往往碰到某些线性规划问题，它们的约束方程组的系数矩阵具有特殊的结构，这就有可能找到比单纯形法更为简便的求解方法，从而可节约计算时间和费用。本章讨论的运输问题就是属于这样一类特殊的线性规划问题。

第 1 节　运输问题的数学模型

在经济建设中，经常碰到大宗物资调运问题。如煤、钢铁、木材、粮食等物资，在全国有若干生产基地，根据已有的交通网，应如何制订调运方案，将这些物资运到各消费地点，而总运费要最小。这一问题可用以下数学语言描述。

已知有 m 个生产地点 A_i，$i=1, 2, \cdots, m$，可供应某种物资，其供应量（产量）分别为 a_i，$i=1, 2, \cdots, m$；有 n 个销售地点 B_j，$j=1, 2, \cdots, n$，其需要量分别为 b_j，$j=1, 2, \cdots, n$；从 A_i 到 B_j 运输单位物资的运价（单价）为 c_{ij}。这些数据可汇总于产销平衡表和单位运价表中，见表 4－1、表 4－2。有时可把这两表合二为一。

表 4－1

产地	销地 1　2　3　$\cdots$　n	产量
1		a_1
2		a_2
3		a_3
$\vdots$		$\vdots$
m		b_m
销量	b_1　b_2　b_3　$\cdots$　b_n	

表 4－2

产地	销地 1	2	3	$\cdots$	n	产量
1	c_{11}	c_{12}	c_{13}	$\cdots$	c_{1n}	a_1
2	c_{21}	c_{22}	c_{23}	$\cdots$	c_{2n}	a_2
3	c_{31}	c_{32}	c_{33}	$\cdots$	c_{3n}	a_3
$\vdots$			$\vdots$			$\vdots$
m	c_{m1}	c_{m2}	c_{m3}	$\cdots$	c_{mn}	b_m

若用 X_{ij} 表示从 A_i 到 B_j 的运量，那么在产销平衡的条件下，要求得总运费最小的调运方案的数学模型为：

$$\min z = \sum_{i=1}^{m}\sum_{j=1}^{n} c_{ij}x_{ij}$$

$$\text{s. t.}\begin{cases}\sum_{i=1}^{m} x_{ij} = b_j,\ j=1,\ 2,\ \cdots,\ n & (4-1)\\ \sum_{j=1}^{n} x_{ij} = a_{ij},\ i=1,\ 2,\ \cdots,\ m & (4-2)\\ x_{ij} \geqslant 0 \end{cases}$$

这就是运输问题的数学模型。它包含 $m\times n$ 个变量、$(m+n)$ 个约束方程，其系数矩阵的结构比较松散且特殊。

$$\begin{array}{c} \\ u_1 \\ u_2 \\ \vdots \\ u_m \\ v_1 \\ v_2 \\ \vdots \\ v_n \end{array}\begin{array}{c} \begin{matrix} x_{11} & x_{12} & \cdots & x_{1n} & x_{21} & x_{22} & \cdots & x_{2n} & \cdots & x_{m1} & x_{m2} & \cdots & x_{mn} \end{matrix} \\ \left[\begin{matrix} 1 & 1 & \cdots & 1 & & & & & & & & & \\ & & & & 1 & 1 & \cdots & 1 & & & & & \\ & & & & & & & & \ddots & & & & \\ & & & & & & & & & 1 & 1 & \cdots & 1 \\ 1 & & & & 1 & & & & \cdots & 1 & & & \\ & 1 & & & & 1 & & & \cdots & & 1 & & \\ & & \ddots & & & & \ddots & & \cdots & & & \ddots & \\ & & & 1 & & & & 1 & \cdots & & & & 1 \end{matrix}\right] \end{array}\begin{array}{l} \\ \left.\begin{matrix} \\ \\ \\ \\ \end{matrix}\right\} m \\ \left.\begin{matrix} \\ \\ \\ \\ \end{matrix}\right\} n \end{array}$$

该系数矩阵中对应于变量 X_{ij} 的系数向量 P_{ij}，其分量中除第 i 个和第 $m+j$ 个为 1 以外，其余的都为零。即

$$P_{ij} = (0,\ \cdots,\ 1,\ 0,\ \cdots,\ 0,\ 1,\ 0,\ \cdots,\ 0)^{\mathrm{T}} = e_i + e_{m+j}$$

对产销平衡的运输问题，由于有以下关系式存在：

$$\sum_{j=1}^{n} b_j = \sum_{i=1}^{m}\left(\sum_{j=1}^{n} x_{ij}\right) = \sum_{j=1}^{n}\left(\sum_{i=1}^{m} x_{ij}\right) = \sum_{i=1}^{m} a_i$$

所以，模型最多只有 $m+n+1$ 个独立约束方程。即系数矩阵的秩 $\leqslant m+n+1$。由于有以上的特征，所以求运输问题时，可以采用比较简便的计算方法，习惯上称之为表上作业法。

对产销平衡的运输问题，一定存在可行解。又因为所有变量有界，因此存在最优解。

第 2 节　表上作业法

表上作业法是单纯形法在求解运输问题时的一种简化方法，其实质是单纯形法。但具体计算和术语有所不同，可归纳为：

(1) 找出初始基可行解。即在产销平衡表上给出 $m+n-1$ 个数字格。

(2) 求各非基变量的检验数，即在表上计算空格的检验数，判别是否达到最优解。如已是最优解，则停止计算，否则转到下一步。

(3) 确定换入变量和换出变量，找出新的基可行解。在表上用闭回路法调整。

(4) 重复(2)、(3)，直至得到最优解为止。

以上运算都可以在表上完成，下面通过例子说明表上作业法的计算步骤。

[例4-1] 某公司经销甲产品。它下设三个加工厂，每日的产量分别是7吨、4吨、9吨。该公司把这些产品分别运往四个销售点，各销售点每日销量为3吨、6吨、5吨、6吨。已知从各工厂到各销售点的单位产品的运价如表4-3所示。问该公司应如何调运产品，在满足各销售点的需要量的前提下，使总运费为最少？

解：先画出此问题的单位运价表和产销平衡表，如表4-3、表4-4所示。

表4-3 单位运价

加工厂＼销地	B_1	B_2	B_3	B_4
A_1	3	11	3	10
A_2	1	9	2	8
A_3	7	4	10	5

表4-4 产销平衡

产地＼销地	B_1	B_2	B_3	B_4	产　量
A_1					7
A_2					4
A_3					9
销　量	3	6	5	6	

一、确定初始基可行解

与一般线性规划问题不同，产销平衡的运输问题总是存在可行解。因有

$$\sum_{i=1}^{m} a_i = \sum_{j=1}^{n} b_j = d$$

必存在 $x_{ij} \geqslant 0,\ i=1,\cdots,m,\ j=1,\cdots,n$，这就是可行解。又因 $0 \leqslant x_{ij} \leqslant \min(a_j, b_j)$，故运输问题必存在最优解。

确定初始基可行解的方法很多，有西北角法、最小元素法和伏格尔(Vogel)法。一般希望的方法是既简便，又尽可能接近最优解。下面介绍三种方法：

1. 西北角法

先从表4-5的左上角(即西北角)的变量 x_{11} 开始分配运输量，并使 x_{11} 取尽可能大的值，即 $x_{11}=\min(7,3)=3$，则 x_{21} 与 x_{31} 必为零。同时把 B_1 的销量与 A_1 的产量都减去3，填入销量和产量处，划去原来的销量和产量。同理可得余下的初始基本可行解，如表4-6所示。

表 4-5

销地 加工厂	B_1	B_2	B_3	B_4	产　量
A_1	3	11	3	10	7
A_2	1	9	2	8	4
A_3	7	4	10	5	9
销　量	3	6	5	6	20 \ 20

表 4-6

销地 加工厂	B_1	B_2	B_3	B_4
A_1	3	4		
A_2		2	2	
A_3			3	6

2. 最小元素法

这种方法的基本思想是就近供应，即从单位运价表中最小的运价开始确定供销关系，然后次小，一直到给出初始基可行解为止。

以例 4-1 进行讨论。

第一步：从表 4-3 中找出最小运价为 1，这表示先将 A_2 的产品供应给 B_1。因 $a_2 > b_1$，A_2 除满足 B_1 的全部需要外，还可多余 1 吨产品。在表 4-4 的(A_2，B_1)的交叉格处填上 3，得表 4-7。并将表 4-3 的 B_1 列运价划去，得表 4-8。

表 4-7

销地 加工厂	B_1	B_2	B_3	B_4	产　量
A_1					7
A_2	3				4
A_3					9
销　量	3	6	5	6	

表 4-8

销地 加工厂	B_1	B_2	B_3	B_4
A_1	3	11	3	10
A_2	1	9	2	8
A_3	7	4	10	5

第二步：在表 4-8 未划去的元素中再找出最小运价 2，确定 A_2 多余的 1 吨供应 B_3，并给出表 4-9 和表 4-10。

表 4 - 9

加工厂 \ 销地	B_1	B_2	B_3	B_4	产 量
A_1					7
A_2	3		1		4
A_3					9
销 量	3	6	5	6	

表 4 - 10

加工厂 \ 销地	B_1	B_2	B_3	B_4
A_1	3	11	3	10
A_2	1	9	2	8
A_3	7	4	10	5

第三步：在表 4 - 10 未划去的元素中再找出最小运价 3；这样一步步地进行下去，直到单位运价表上的所有元素划去为止，最后在产销平衡表上得到一个调运方案，见表 4 - 11。这一方案的总运费为 86 元。

表 4 - 11

加工厂 \ 销地	B_1	B_2	B_3	B_4	产 量
A_1			4	3	7
A_2	3		1		4
A_3		6		3	9
销 量	3	6	5	6	

用最小元素法给出的初始解是运输问题的基可行解，其理由如下：

(1) 用最小元素法给出的初始解，是从单位运价表中逐次地挑选最小元素，并比较产量和销量。当产大于销，划去该元素所在列。当产小于销，划去该元素所在行。然后在未划去的元素中再找最小元素，确定供应关系。这样在产销平衡表上每填入一个数字，在运价表上就划去一行或一列。表中共有 m 行 n 列，总共可划 $(n+m)$ 条直线。当表中只剩一个元素，这时在产销平衡表上填这个数字，而在运价表上同时划去一行和一列。此时把单价表上所有元素都划去了，相应地在产销平衡表上填了 $(m+n-1)$ 个数字，即给出了 $(m+n-1)$ 个基变量的值。

(2) 这 $(m+n-1)$ 个基变量对应的系数列向量是线性独立的。证明：若表中确定的第一个基变量为它对应的系数列向量为：

$$P_{i_1 j_1} = e_{i_1} + e_{m+j_1}$$

由于给定 $x_{i_1 j_1}$ 值后，将划去第 i_1 行或第 j_1 列，即其后的系数列向量中不再出现 e_{i_1} 或 e_{m+j_1}，因而 $P_{i_1 j_1}$ 不可能用解中的其他向量的线性组合表示。类似地，给出第二个，…，第 $(m+n-1)$ 个。这 $(m+n-1)$ 个向量都不可能用解中的其他向量的线性组合表示。故这 $(m+n-1)$ 个向量是线性独立的。

用最小元素法给出初始解时，有可能在产销平衡表上填入一个数字后，在单位运价表上同时划去一行和一列。这时就出现退化。

3. **伏格尔法**

最小元素法的缺点是：为了节省一处的费用，有时造成在其他处要多花几倍的运费。伏格尔法考虑到，一产地的产品假如不能按最小运费就近供应，就考虑次小运费，这就有一个差额。差额越大，说明不能按最小运费调运时，运费增加越多。因而对差额最大处，就应当采用最小运费调运。

伏格尔法的步骤是：

第一步：在表 4 - 3 中分别计算出各行和各列的最小运费和次最小运费的差额，并填入该表的最右列和最下行，如表 4 - 12 所示。

表 4 - 12

加工厂＼销地	B_1	B_2	B_3	B_4	行差额
A_1	3	11	3	10	0
A_2	1	9	2	8	1
A_3	7	4	10	5	1
列差额	2	5	1	3	

第二步：从行或列差额中选出最大者，选择它所在行或列中的最小元素。在表 4 - 10 中 B_2 列是最大差额所在列。B_2 列中最小元素为 4，可确定 A_3 的产品先供应 B_2 的需要，得表 4 - 13。

表 4 - 13

加工厂＼销地	B_1	B_2	B_3	B_4	产　量
A_1					7
A_2					4
A_3		6			9
销　量	3	6	5	6	

同时将运价表中的 B_2 列数字划去。重新计算行差和列差，如表 4 - 14 所示。

表 4 - 14

加工厂＼销地	B_1	B_2	B_3	B_4	行差额
A_1	3	11	3	10	0
A_2	1	9	2	8	1
A_3	7	4	10	5	2
列差额	2	5	1	3	

第三步：对表 4 - 14 中未划去的元素再分别计算出各行、各列的最小运费和次最小运费的差额，并填入该表的最右列和最下行。重复第一、二步，直到给出初始解为止。用此法给出例 4 - 1 的初始解列于表 4 - 15。

表 4-15

加工厂 \ 销地	B_1	B_2	B_3	B_4	产 量
A_1			5	2	7
A_2	3			1	4
A_3		6		3	9
销 量	3	6	5	6	

由以上可见：伏格尔法同最小元素法除在确定供求关系的原则上不同外，其余步骤相同。伏格尔法给出的初始解比用西北角法、最小元素法给出的初始解更接近最优解。

本例用伏格尔法给出的初始解就是最优解。

二、最优解的判别

判别的方法是计算空格(非基变量)的检验数 $c_{ij}-CBB-1P_{ij}$，$i, j \in \mathbf{N}$。因运输问题的目标函数是要求实现最小化，故当所有的 $c_{ij}-CBB-1P_{ij} \geqslant 0$ 时，为最优解。下面介绍两种求空格检验数的方法。

1. 闭回路法

在给出调运方案的计算表上(见表 4-15)，从每一空格出发找一条闭回路。它是以某空格为起点，用水平或垂直线向前划，当碰到一数字格时可以转 90°后，继续前进，直至回到起始空格为止。闭回路如图 4-1 所示。

从每一空格出发一定存在和可以找到唯一的闭回路。因$(m+n-1)$个数字格(基变量)对应的系数向量是一个基。任一空格(非基变量)对应的系数向量是这个基的线性组合。如 P_{ij}，$i, j \in \mathbf{N}$ 可表示为：

$$
\begin{aligned}
P_{ij} &= e_i + e_{m+j} \\
&= e_i + e_{m+k} - e_{m+k} + e_l - e_l + e_{m+s} - e_{m+s} + e_u - e_u + e_{m+j} \\
&= (e_i + e_{m+k}) - (e_l + e_{m+k}) + (e_l + e_{m+s}) - (e_u + e_{m+s}) + (e_u + e_{m+j}) \\
&= P_{ik} - P_{lk} + P_{ls} - P_{us} + P_{uj}
\end{aligned}
$$

其中，P_{ik}，P_{lk}，P_{ls}，P_{us}，$P_{uj} \in B$。而这些向量构成了闭回路(见图 4-1)。

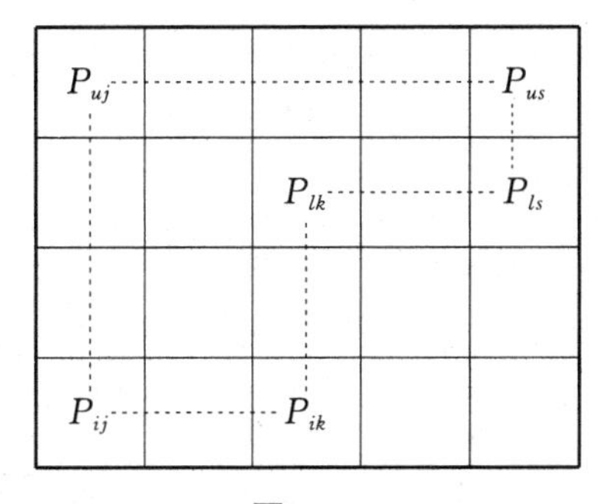

图 4-1

闭回路法计算检验数的经济解释为：在已给出初始解的表 4-15 中，可从任一空格出发，如(A_1, B_1)。若让 A_1 的产品调运 1 吨给 B_1。为了保持产销平衡，就要依次作调整：在

(A_1, B_3)处减少1吨，(A_2, B_3)处增加1吨，(A_2, B_1)处减少1吨，即构成了以(A_1, B_1)空格为起点，其他为数字格的闭回路。如表4-16中的虚线所示。在表4-18中，闭回路各顶点所在格的右上角数字是单位运价。

表 4-16

加工厂＼销地	B_1	B_2	B_3	B_4	产 量
A_1	3 (+1)	11	3 4(−1)	10 3	7
A_2	1 3(−1)	9	 1(+1)	8	4
A_3	7	4 6	10	5 3	9
销 量	3	6	5	6	

可见，这一调整的方案使运费增加(+1)×3+(−1)×3+(+1)×2+(−1)×1=1(元)。

这表明若这样调整运量将增加运费。将“1”这个数填入(A_1, B_1)格，这就是检验数。按以上所述，可找出所有空格的检验数，如表4-17所示。

表 4-17

空格	闭　回　路	检验数
(11)	(11)−(13)−(23)−(21)−(11)	1
(12)	(12)−(14)−(34)−(32)−(12)	2
(22)	(22)−(23)−(13)−(14)−(34)−(32)−(22)	1
(24)	(24)−(23)−(13)−(14)−(24)	−1
(31)	(31)−(34)−(14)−(13)−(23)−(21)−(31)	10
(33)	(33)−(34)−(14)−(13)−(33)	12

当检验数还存在负数时，说明原方案不是最优解，要继续改进。

2. 位势法

用闭回路法求检验数时，需给每一空格找一条闭回路。当产销点很多时，这种计算很烦琐。下面介绍较为简便的方法——位势法。

设 $u_1, u_2, \cdots, u_m; v_1, v_2, \cdots, v_n$ 是对应运输问题的 $m+n$ 个约束条件的对偶变量。B 是含有一个人工变量 x_a 的 $(m+n)\times(m+n)$ 初始基矩阵。人工变量 x_a 在目标函数中的系数 $c_a = 0$，从线性规划的对偶理论可知：$C_B B^{-1} = (u_1, u_2, \cdots, u_m; v_1, v_2, \cdots, v_n)$。

而每个决策变量 x_{ij} 的系数向量 $P_{ij} = e_i + e_{m+j}$，所以

$$C_B B^{-1} P_{ij} = u_i + v_j$$

于是检验数

$$\sigma_{ij} = c_{ij} - C_B B^{-1} P_{ij} = c_{ij} - (u_i + v_j)$$

由单纯形法得知所有基变量的检验数等于0。即

$$c_{ij} - (u_i + v_j) = 0 \quad i, j \in B$$

因非基变量的检验数为 $\sigma_{ij}=c_{ij}-(u_i+v_j)$，$i, j\in \mathbf{N}$，这就可以从已知的 u_i，v_j 值中求得。这些计算可在表格中进行。以例 4-1 说明。

第一步：按最小元素法给出表 4-11 的初始解，然后作表 4-18；即在对应表 4-11 的数字格处填入单位运价，见表 4-18。

表 4-18

加工厂＼销地	B_1	B_2	B_3	B_4	产　量
A_1			4	3	7
A_2	3		1		4
A_3		6		3	9
销　量	3	6	5	6	

第二步：在表 4-18 上增加一行一列，在列中填入 u_i，在行中填入 v_j，得表 4-19。

表 4-19

加工厂＼销地	B_1	B_2	B_3	B_4	u_i
A_1			3	10	0
A_2	1		2		−1
A_3		4		5	−5
v_j	2	9	3	10	

先令 $u_1=0$，然后按 $u_i+v_j=c_{ij}$，$i, j\in B$ 相继地确定 u_i，v_j。由表 4-19 可见，当 $u_1=0$ 时，由 $u_1+v_3=3$ 可得 $v_3=3$，由 $u_1+v_4=10$ 可得 $v_4=10$；在 $v_4=10$ 时，由 $u_3+v_4=5$ 可得 $u_3=-5$，以此类推可确定所有的 u_i，v_j 的数值。

第三步：按 $\sigma_{ij}=c_{ij}-(u_i+v_j)$，$i, j\in N$ 计算所有空格的检验数。如

$$\sigma_{11}=c_{11}-(u_1+v_1)=3-(0+2)=1$$

$$\sigma_{12}=c_{12}-(u_1+v_2)=11-(0+9)=2$$

这些计算可直接在表 4-16 上进行。为方便起见，特设计计算表 4-20 如下：

表 4-20

加工厂＼销地	B_1	B_2	B_3	B_4	u_i
A_1	3 1=3−(0+2)	11 2=11−(0+9)	3 0=3−(0+3)	10 0=10−(0+10)	0
A_2	1 0=1−(−1+2)	9 1=9−(−1+9)	2 0=2−(−1+3)	8 −1=8−(−1+10)	−1
A_3	7 10=7−(−5+2)	4 0=4−(−5+9)	10 12=10−(−5+3)	5 0=5−(−5+10)	−5
v_j	2	9	3	10	

表 4-20 中还有负检验数，说明未得最优解，还可以改进。当在表中空格处出现负检验数

时，表明未得最优解。若有两个和两个以上的负检验数时，一般选其中最小的负检验数，以它对应的空格为调入格，即以它对应的非基变量为换入变量。由表 4－20 得(2, 4)为调入格。以此格为出发点，作一闭回路，如表 4－21 所示。

表 4－21

加工厂＼销地	B_1	B_2	B_3	B_4	产　量
A_1			4(＋1)	3(－1)	7
A_2	3		1(－1)	(＋1)	4
A_3		6		3	9
销　量	3	6	5	6	

(2, 4)格的调入量 θ 是选择闭回路上具有(－1)的数字格中的最小者。即 $\theta = \min(1, 3) = 1$（其原理与单纯形法中按 θ 规划来确定换出变量相同）。然后按闭回路上的正、负号，加入和减去此值，得到调整方案，如表 4－22 所示。

表 4－22

加工厂＼销地	B_1	B_2	B_3	B_4	产　量
A_1			5	2	7
A_2	3			1	4
A_3		6		3	9
销　量	3	6	5	6	

对表 4－20 给出的解，再用闭回路法或位势法求各空格的检验数，如表 4－23 所示。表中的所有检验数都非负，故表 4－23 中的解为最优解。这时得到的总运费最小是 85 元。

表 4－23

加工厂＼销地	B_1	B_2	B_3	B_4
A_1	0	2		
A_2		2	1	
A_3	9		12	

三、表上作业法计算中的问题

1. 无穷多最优解

在本章中提到，产销平衡的运输问题必定存在最优解。那么有唯一最优解还是无穷多最优解？判别依据与线性规划单纯形表中的检验数判断相同（最小化）。即某个非基变量（空格）的检验数为 0 时，该问题有无穷多最优解。表 4－20 空格(1, 1)的检验数是 0，表明例 4－1 有无穷多最优解。可在表 4－19 中以(1, 1)为调入格，作闭回路(1, 1)＋－(1, 4)－－(2, 4)＋

—(2, 1)——(1, 1)+。确定 $\theta=\min(2, 3)=2$。经调整后得到另一最优解，见表 4-24。

表 4-24

加工厂＼销地	B_1	B_2	B_3	B_4	产　量
A_1	2		5		7
A_2	1			3	4
A_3		6		3	9
销　量	3	6	5	6	

2. 退化

用表上作业法求解运输问题，当出现退化时，在相应的格中一定要填一个 0，以表示此格为数字格。有以下两种情况：

(1) 当确定初始解的各供需关系时，若在(i, j)格填入某数字后，出现 A_i处的余量等于 B_j处的需要量。这时在产销平衡表上填一个数，而在单位运价表上相应地要划去一行和一列。为了使在产销平衡表上有$(m+n-1)$个数字格，这时需要添一个“0”。它的位置可在对应同时划去的那行或那列的任一空格处，如表 4-25、表 4-26 所示。因第一次划去第一列，剩下最小元素为 2，其对应的销地 B_2需要量为 6，而对应的产地 A_3未分配量也是 6。这时，在产销表(3,2)交叉格中填入 6，在单位运价表 4-26 中需同时划去 B_1列和 A_3行。在表 4-26 的空格(1, 2)，(2, 2)，(3, 3)，(3, 4)中任选一格添加一个 0。

表 4-25

加工厂＼销地	B_1	B_2	B_3	B_4	产　量
A_1					7
A_2					4
A_3	3	6			9
销量	3	6	5	6	

表 4-26

加工厂＼销地	B_1	B_2	B_3	B_4
A_1	3	11	3	10
A_2	1	9	2	8
A_3	7	4	10	5

(2) 在用闭回路法调整时，在闭回路上出现两个和两个以上的具有(−1)标记的相等的最小值。这时只能选择其中一个作为调入格。而经调整后，得到退化解。这时另一个数字格必须填入一个 0，表明它是基变量。当出现退化解后，并作改进调整时，可能在某闭回路上有标记为(−1)的取值为 0 的数字格，这时应取调整量 $\theta=0$。

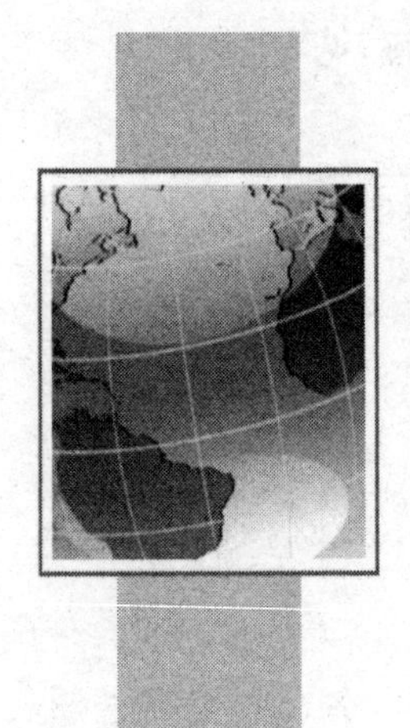

第 5 章 整数规划

第 1 节　整数规划问题的提出

在前面讨论的线性规划问题中，有些最优解可能是分数或小数，但对于某些具体问题，常有要求解答必须是整数的情形(称为整数解)。例如，所求解是机器的台数、完成工作的人数或装货的车数等，分数或小数的解答就不合要求。为了满足整数解的要求，初看起来，似乎只要把已得到的带有分数或小数的解经过“舍入化整”就可以了。但这常常是不行的，因为化整后不见得是可行解；或虽是可行解，但不一定是最优解。因此，对求最优整数解的问题，有必要另行研究。我们称这样的问题为整数规划(integer programming，IP)。整数规划是最近几十年发展起来的规划论中的一个分支。

整数规划中如果所有的变数都限制为(非负)整数，就称为纯整数规划(pure integer programming)或称为全整数规划(all integer programming)；如果仅一部分变数限制为整数，则称为混合整数计划(mixed integer programming)。整数规划的一种特殊情形是 0－1 规划，它的变数取值仅限于 0 或 1。本章最后讲到的指派问题就是一个 0－1 规划问题。

现举例说明用前述单纯形法求得的解不能保证是整数最优解。

[例 5－1]　某厂拟用集装箱托运甲、乙两种货物，每箱的体积、重量、可获利润以及托运所受限制如表 5－1 所示。问两种货物各托运多少箱，可使获得利润为最大？

表 5－1

货　物	体积(立方米/箱)	重量(百千克/箱)	利润(百元/箱)
甲	5	2	20
乙	4	5	10
托运限制	24	13	

解：设 x_1、x_2 分别为甲、乙两种货物的托运箱数（当然都是非负整数）。这是一个（纯）整数规划问题，用数学式可表示为：

$$\max z = 20x_1 + 10x_2 \quad ①$$

$$\begin{cases} 5x_1 + 4x_2 \leqslant 24 & ② \\ 2x_1 + 5x_2 \leqslant 13 & ③ \\ x_1,\ x_2 \geqslant 0 & ④ \\ x_1,\ x_2 \text{ 为整数} & ⑤ \end{cases} \qquad (5-1)$$

它与线性规划问题的区别仅在于最后的条件⑤。

现在我们暂不考虑这一条件，即解①～④（以后我们称这样的问题为与原问题相应的线性规划问题），很容易求得最优解为：

$x_1 = 4.8,\ x_2 = 0,\ \max z = 96$

但 4.8 是托运甲种货物的箱数，现在它不是整数，所以不符合条件⑤的要求。

是不是可以把所得的非整数的最优解经过“化整”就可得到合乎条件⑤的整数最优解呢？如将 $(x_1 = 4.8,\ x_2 = 0)$ 凑为 $(x_1 = 5,\ x_2 = 0)$，这样就破坏了条件②（关于体积的限制），因而它不是可行解；如将 $(x_1 = 4.8,\ x_2 = 0)$ 舍去尾数 0.8，变为 $(x_1 = 4,\ x_2 = 0)$，这当然满足各约束条件，因而是可行解，但不是最优解，因为当 $x_1 = 4,\ x_2 = 0$ 时，$z = 80$。而当 $x_1 = 4$，$x_2 = 1$（这也是可行解）时，$z = 90$。

本例还可以用图解法来说明。如图 5－1 所示，非整数的最优解在 $C(4.8,\ 0)$ 点达到。图中画（＋）号的点表示可行的整数解。凑整的 $(5,\ 0)$ 点不在可行域内，而 C 点又不合乎条件⑤。为了满足题中要求，表示目标函数的 z 的等值线必须向原点平行移动，直到第一次遇到带“＋”号的 B 点 $(x_1 = 4,\ x_2 = 1)$ 为止。这样，z 的等值线就由 $z = 96$ 变到 $z = 90$，它们的差值 $\Delta z = 96 - 90 = 6$ 表示利润的降低，这是由于变量的不可分性（装箱）所引起的。

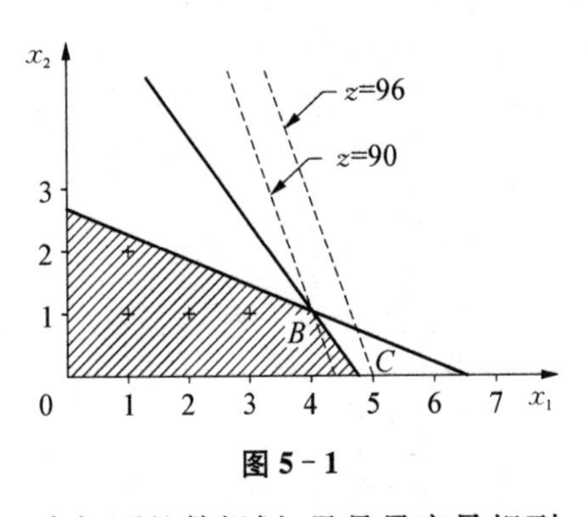

图 5－1

由上例可以看出，将其相应的线性规划的最优解“化整”来解原整数规划，虽是最容易想到的，但常常得不到整数规划的最优解，甚至根本不是可行解。因此有必要对整数规划的解法进行专门研究。

第 2 节　分支定界解法

在求解整数规划时，如果可行域是有界的，首先容易想到的方法就是穷举变量的所有可行的整数组合，就像在图 5－1 中画出所有“＋”号的点那样，然后比较它们的目标函数值以定出最优解。对于小型的问题，变量数很少，可行的整数组合数也很小时，这种方法是可行的，也是有效的。

在例 5－1 中，变量只有 x_1 和 x_2，由条件②，x_1 所能取的整数值为 0、1、2、3、4 共 5 个；由条件③，x_2 所能取的整数值为 0、1、2 共 3 个，它的组合（不都是可行的）数是 3×5＝15 个，穷举法还是勉强可用的。对于大型的问题，可行的整数组合数是很大的。例如，在本章第 3 节的指派问题(这也是整数规划)中,将 N 项任务指派 n 个人去完成,不同的指派方案共有 $n!$ 种,当 $N=10$ 时,这个数就超过 300 万;当 $N=20$ 时,这个数就超过 2×10^{18},如果一一计算,就是用每秒百万次的计算机,也要几万年的功夫。很明显,解这样的题,穷举法是不可取的。所以,我们的方法一般应是仅检查可行的整数组合的一部分,就能定出最优的整数解。分支定界解法(branch and bound method)就是其中的一种。

分支定界解法可用于解纯整数或混合的整数规划问题,在 20 世纪 60 年代初由 Land Doig 和 Dakm 等人提出。由于此方法灵活且便于用计算机求解,所以现在已是解整数规划的重要方法之一。其思路为:设有最大化的整数规划问题 A 与它相应的线性规划为问题 B,从解问题 B 开始,若其最优解不符合 A 的整数条件,那么 B 的最优目标函数必是 A 的最优目标函数值 z^* 的上界,记作 $\bar{z}$;而 A 的任意可行解的目标函数值将是 z^* 的一个下界 $\underline{z}$。分支定界法就是将 B 的可行域分成子区域(称为分支)的方法,逐步减小 $\bar{z}$ 和增大 $\underline{z}$,最终求到 z^*。现用下例来说明:

[例 5-2] 求解 W。

$$\max z = 40x_1 + 90x_2 \quad ①$$

$$\begin{cases} 9x_1 + 7x_2 \leqslant 56 & ② \\ 7x_1 + 20x_2 \leqslant 70 & ③ \\ x_1,\ x_2 \geqslant 0 & ④ \\ x_1,\ x_2 \text{ 为整数} & ⑤ \end{cases} \tag{5-2}$$

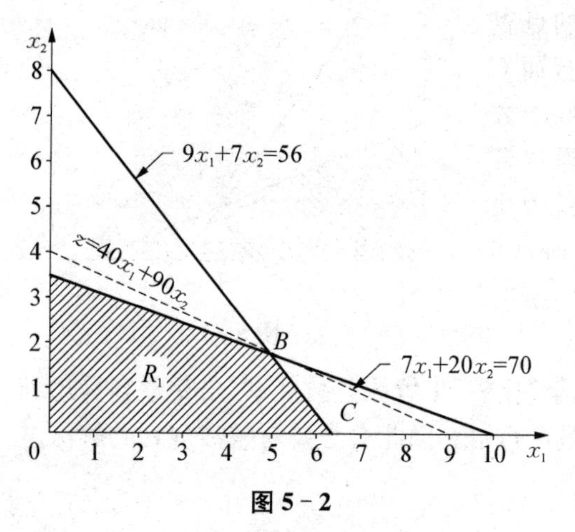

图 5-2

解:先不考虑条件⑤,即解相应的线性规划①~④(见图 5-2),得最优解 $x_1=4.81$,$x_2=1.82$,$z_0=356$。

可见它不符合整数条件⑤。这时 z_0 是问题 A 的最优目标函数值 z^* 的上界,记作 $z_0=\bar{z}$。而在 $x_1=0$,$x_2=0$ 时,显然是问题 A 的一个整数可行解,这时 $z=0$,是 z^* 的下界,记作 $\underline{z}=0$,即 $0\leqslant z^*\leqslant 356$。

分支定界法的解法,首先注意其中一个非整数变量的解,如在问题 B 的解中 $x_1=4.81$。于是对原问题增加两个约束条件 $x_1\leqslant 4$ 和 $x_1\geqslant 5$,可将原问题分解为两个子问题 B_1 和 B_2(即两支),给每支增加一个约束条件,如表 5-2 所示。这并不影响问题 A 的可行域,不考虑整数条件解问题 B_1 和 B_2,称此为第一次迭代。

表 5-2

问题 B_1	问题 B_2
$z_1=349$ $x_1=4.00$ $x_2=2.10$	$z_2=341$ $x_1=5.00$ $x_2=1.57$

显然，仍没有得到全部变量是整数的解。因 $z_1 > z_2$，故 $\bar{z}$ 将改为349，那么必存在最优整数解，得到 z^*，并且 $0 \leqslant z^* \leqslant 349$，继续对问题 B_1 和 B_2 进行分解。因 $z_1 > z_2$，故先分解 B_1 为两支。增加条件 $x_2 \leqslant 2$，称为问题 B_3；增加条件 $x_2 \geqslant 3$，称为问题 B_4。相当于在图5-3中再去掉 $x_2 > 2$ 与 $x_3 < 3$ 之间的区域，进行第二次迭代。

继续对问题 B_2 进行分解，如图5-5所示。

整个解题的思路如图5-6所示。

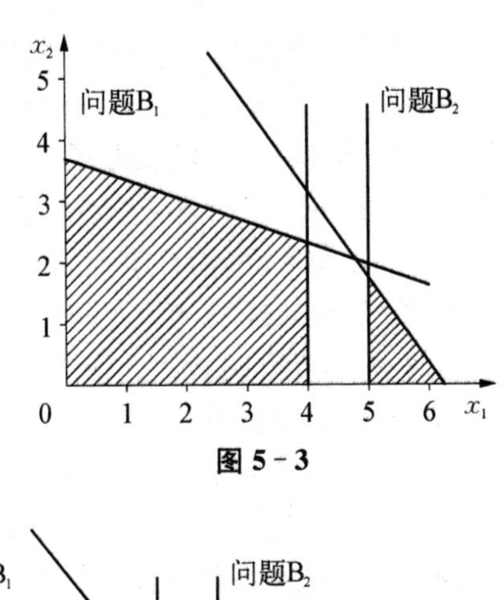

图5-3

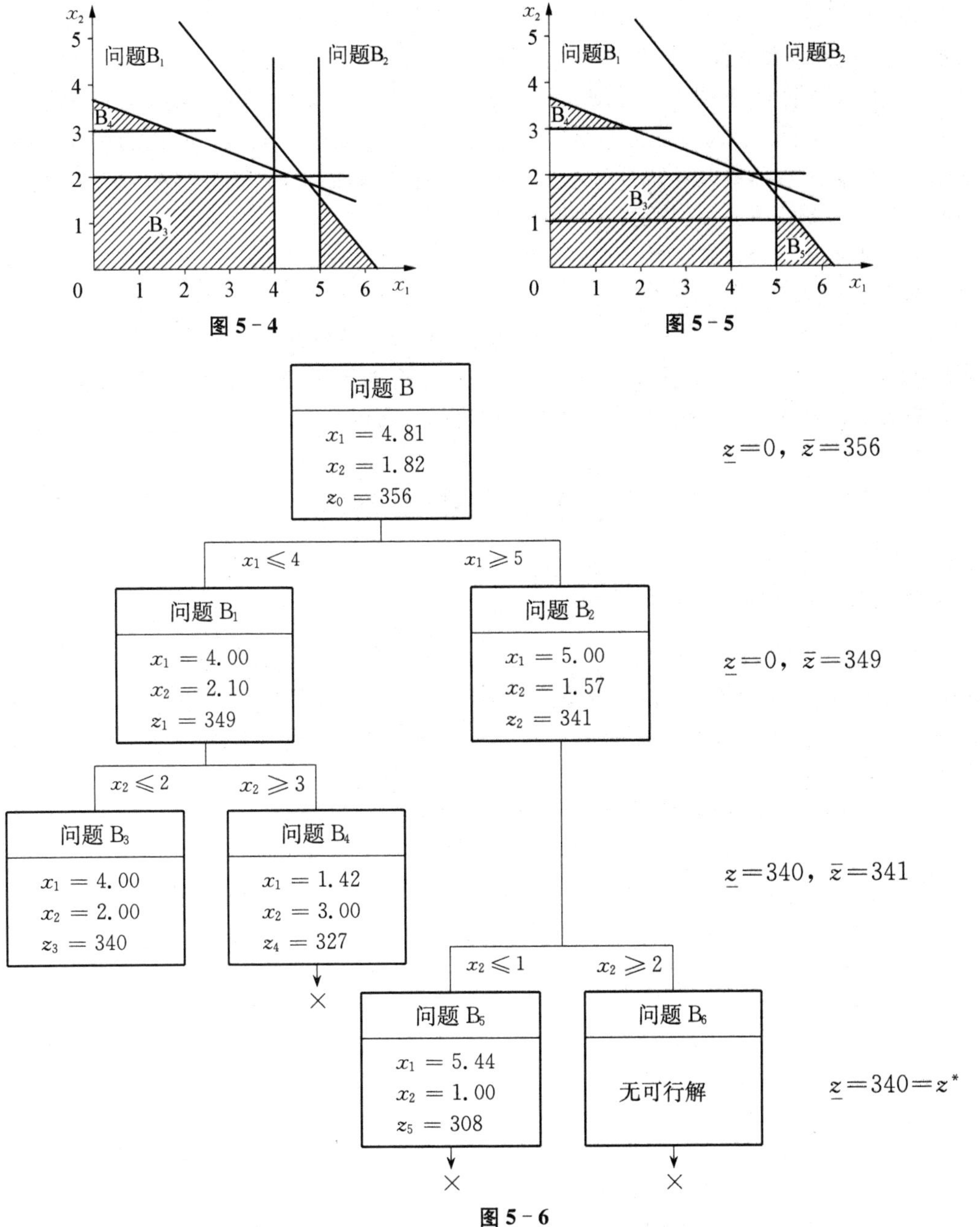

图5-4

图5-5

图5-6

从以上解题过程可得到用分支定界法求解整数线性规划(最大化)问题的步骤为(将要求解的整数线性规划问题称为问题 A,将与它相应的线性规划问题称为问题 B):

(1) 解问题 B,可能得到以下情况之一:

① B 没有可行解,这时 A 也没有可行解,则停止。

② B 有最优解,并符合问题 A 的整数条件,B 的最优解即为 A 的最优解,则停止。

③ B 有最优解,但不符合问题 A 的整数条件,记它的目标函数值为 z_0。

(2) 用观察法找问题 A 的一个整数可行解,一般可取 $x_j = 0$, $j = 1, \cdots, n$ 试探,求得其目标函数值,并记作 $\underline{z}$。

以 z^* 表示问题 A 的最优目标函数值,这时有 $\underline{z} \leqslant z^* \leqslant \bar{z}$,进行迭代。

第一步:分支。在 B 的最优解中任选一个不符合整数条件的变量 x_j,其值为 b_j,以$[b_j]$表示小于 b_j 的最大整数。构造两个约束条件 $x_j \leqslant [b_j]$ 和 $x_j \geqslant [b_j]+1$,将这两个约束条件,分别加入问题 B,求两个后继规划问题 B_1 和 B_2。不考虑整数条件求解这两个后继问题。

第二步:定界。以每个后继问题为一分支标明求解的结果,与其他问题的解的结果比较,找出最优目标函数值最大者作为新的上界 $\bar{z}$。从符合整数条件的各分支中,找出目标函数值为最大者作为新的下界 $\underline{z}$;若无可行解,$\underline{z} = 0$。

第三步:比较与剪支。各分支的最优目标函数中若有小于 $\underline{z}$ 者,则剪掉这支(用打×表示),即以后不再考虑了。若大于 $\underline{z}$,且不符合整数条件,则重复第二步骤。一直到最后得到 z^* 为止,得最优整数解 x_j^*, $j=1, \cdots, n$。用分支定界法可解纯整数线性规划问题和混合整数线性规划问题。它比穷举法优越。因为它仅在一部分可行解的整数解中寻求最优解,计算量比穷举法小。若变量数目很大,其计算工作量也是相当可观的。

第3节　指派问题

一、指派问题的形式表述

在生活中经常遇到这样的问题:某单位需完成 n 项任务,恰好有 n 个人可承担这些任务。由于每人的专长不同,各人完成任务不同,效率也不同。于是产生应指派哪个人去完成哪项任务,使完成 n 项任务的总效率最高(或所需总时间最小)的问题。这类问题称为指派问题或分派问题(assignment problem)。

[例 5-3] 有一份中文说明书,需译成英、日、德、俄四种文字。分别记作 E、J、G、R。现有甲、乙、丙、丁四人,他们将中文说明书翻译成不同语种的说明书所需时间如表 5-3 所示。问:应指派何人去完成何工作,使所需总时间最少?

表 5-3

任务人员	E	J	G	R
甲	2	15	13	4
乙	10	4	14	15
丙	9	14	16	13
丁	7	8	11	9

类似有：有 n 项加工任务，怎样指派到 n 台机床上分别完成的问题；有 n 条航线，怎样指定 n 艘船去航行的问题……对应每个指派问题，需有类似表 5-3 那样的数表，称为效率矩阵或系数矩阵，其元素 $c_{ij}>0$ $(i, j=1, 2, \cdots, n)$ 表示指派第 i 人去完成第 j 项任务时的效率（或时间、成本等）。解题时需引入变量 x_{ij}，其取值只能是 1 或 0。并令

$$x_{ij}=\begin{cases}1, & \text{当指派第 } i \text{ 人去完成第 } j \text{ 项任务时} \\ 0, & \text{当不指派第 } i \text{ 人去完成第 } j \text{ 项任务时}\end{cases}$$

则指派问题模型的标准形式为：

$$\min z=\sum_{i}\sum_{j}c_{ij}x_{ij}$$

$$\begin{cases}\sum_{i}x_{ij}=1,\ j=1,\ 2,\ \cdots,\ n \\ \sum_{j}x_{ij}=1,\ i=1,\ 2,\ \cdots,\ n \\ x_{ij}=0 \text{ 或 } 1\end{cases}$$

约束条件说明：第 j 项任务只能由 1 人去完成；第 i 人只能完成 1 项任务。满足约束条件的可行解 x_{ij} 也可写成表格或矩阵形式，称为解矩阵。

指派问题是 0-1 规划的特例，也是运输问题的特例；即 $n=m$，$a_j=b_i=1$，当然可用整数线性规划，0-1 规划或运输问题的解法去求解，这就如同用单纯形法求解运输问题一样是不合算的。利用指派问题的特点可有更简便的解法。指派问题的最优解有这样的性质，若从系数矩阵 (c_{ij}) 的一行（列）各元素中分别减去该行（列）的最小元素，得到新矩阵 (b_{ij})，那么以 (b_{ij}) 为系数矩阵求得的最优解和用原系数矩阵求得的最优解相同。

利用这个性质，可使原系数矩阵变换为含有很多 0 元素的新系数矩阵，而最优解保持不变，在系数矩阵 (b_{ij}) 中，我们关心位于不同行不同列的 0 元素，以下简称为独立的 0 元素。若能在系数矩阵 (b_{ij}) 中找出 n 个独立的 0 元素，则令解矩阵 (x_{ij}) 中对应这 n 个独立的 0 元素的元素取值为 1，其他元素取值为 0。将其代入目标函数中得到 $z_b=0$，它一定是最小。这就是以 (b_{ij}) 为系数矩阵的指派问题的最优解，也就得到了原问题的最优解。

二、指派问题的假设

(1) 被指派者的数量和任务的数量是相同的；
(2) 每一个被指派者只完成一项任务；
(3) 每一项任务只能由一个被指派者来完成；
(4) 每个被指派者和每项任务的组合有一个相关成本；
(5) 目标是要确定怎样进行指派才能使得总成本最小。

三、指派问题模型

设 n 个人被分配去做 n 件工作，每人只能完成一项任务，每项任务只能由一人完成。已知第 i 个人去做第 j 件工作的效率为 C_{ij} $(i=1, 2, \cdots, n;\ j=1, 2, \cdots, n)$ 并假设 $C_{ij}\geqslant 0$。问：应如何分配才能使总效率（时间或费用）最高？

模型为：

$$x_{ij} = \begin{bmatrix} 1 \\ 0 \end{bmatrix}$$

当指派第 i 个人去完成第 j 项任务时，$x_{ij}=1$；当指派第 i 个人不去完成第 j 项任务时，$x_{ij}=0$。

当问题要求极小化时，数学模型是：

$$\min z = \sum_i \sum_j c_{ij} x_{ij}$$

$$\begin{cases} \sum_i x_{ij} = 1,\ j = 1,\ 2,\ \cdots,\ n \\ \sum_j x_{ij} = 1,\ i = 1,\ 2,\ \cdots,\ n \\ x_{ij} = 1,\ 0 \end{cases}$$

四、指派问题的匈牙利解法

解决指派问题的方法很多，可以按照上面所述建立起 0－1 整数线性规划模型进行求解，但是比较麻烦，因此我们自然想到能否有较为简单的办法求解。目前学术界比较推崇和认可的方法是匈牙利数学家的方法，因此称为匈牙利解法。匈牙利解法的步骤如下：

第一步：变换指派问题的系数矩阵(c_{ij})，使各行各列中都出现 0 元素。

(1) 从(c_{ij})的每行元素都减去该行的最小元素。

(2) 再从所得新系数矩阵无零元素的列中减去该列的最小元素。

第二步：进行试指派，即确定独立零元素。在变化后的效率矩阵中找尽可能多的独立 0 元素，若能找出 n 个独立零元素，就以这 n 个独立零元素对应解矩阵(x_{ij})中的元素为 1，其余为 0，这就得到最优解。

(1) 从有唯一的零元素的行或列开始确定独立零元素，并用◎表示，并划掉其所在行或列的其他零，用 ϕ 表示。直到尽可能多的零元素都被圈出和划掉为止。

(2) 若独立零元素的数目 m 等于矩阵的阶数 n，那么这指派问题的最优解已得到。若 $m<n$，则转入下一步。

第三步：作最少的直线覆盖所有零元素：

(1) 对没有独立零元素的行打√号；

(2) 对已打√号的行中所有含划掉零元素的列打√号；

(3) 再对打有√号的列中含独立零元素的行打√号；

(4) 重复(2)、(3)直到得不出新的打√号的行、列为止；

(5) 对没有打√号的行画横线，有打√号的列画纵线，这就得到覆盖所有零元素的最少直线数。

第四步：在没有被直线覆盖的所有元素中找出最小元素，然后将所在行(或列)都减去这最小元素；在出现负数的列(或行)都加上这最小元素(以保证系数矩阵中不出现负元素)。新系数矩阵的最优解与原问题仍相同。转回第二步。

[例 5－4] 现有 4 项任务，交与甲、乙、丙、丁 4 个人去完成，因各人专长不同，他们完成任务所需要的时间(小时)如表 5－4 所示。规定每项工作只能交由其中的一个人完成，每个人只能完成其中的一项工作。

表 5-4

	A	B	C	D
甲	2	15	13	4
乙	10	4	14	15
丙	9	14	16	13
丁	7	8	11	9

问：如何分配，能使所需的总时间最少？

解：按照以上步骤得到：

$$\begin{bmatrix} 2 & 15 & 13 & 4 \\ 10 & 4 & 14 & 15 \\ 9 & 14 & 16 & 13 \\ 7 & 8 & 11 & 9 \end{bmatrix} \rightarrow \begin{bmatrix} 0 & 13 & 11 & 2 \\ 6 & 0 & 10 & 11 \\ 0 & 5 & 7 & 4 \\ 0 & 1 & 4 & 2 \end{bmatrix} \rightarrow \begin{bmatrix} 0 & 13 & 7 & 0 \\ 6 & 0 & 6 & 9 \\ 0 & 5 & 3 & 2 \\ 0 & 1 & 0 & 0 \end{bmatrix} \rightarrow \begin{bmatrix} \phi & 13 & 7 & ◎ \\ 6 & ◎ & 6 & 9 \\ ◎ & 5 & 3 & 2 \\ \phi & 1 & ◎ & \phi \end{bmatrix}$$

以此从 $\begin{bmatrix} \phi & 13 & 7 & ◎ \\ 6 & ◎ & 6 & 9 \\ ◎ & 5 & 3 & 2 \\ \phi & 1 & ◎ & \phi \end{bmatrix}$，得出 $x_{ij} = \begin{bmatrix} 0 & 0 & 0 & 1 \\ 0 & 1 & 0 & 0 \\ 1 & 0 & 0 & 0 \\ 0 & 0 & 1 & 0 \end{bmatrix}$。

所以，应该由甲去做任务D，乙去做任务B，丙去做任务A，丁去做任务C，得到最少总时间为28。

[例5-5] 有一份说明书，要分别译成英(E)、日(J)、德(G)、俄(R)四种文字，交与甲、乙、丙、丁四个人去完成，因各人专长不同，他们完成翻译不同文字所需要的时间(小时)如表5-5所示。规定每项工作只能交由其中的一个人完成，每个人只能完成其中的一项工作。

表 5-5

	E	J	G	R
甲	7	9	10	12
乙	13	12	16	17
丙	15	16	14	15
丁	11	12	15	16

解：本题用匈牙利法求解过程如下：

矩阵变换：$\begin{bmatrix} 7 & 9 & 10 & 12 \\ 13 & 12 & 16 & 17 \\ 15 & 16 & 14 & 15 \\ 11 & 12 & 15 & 16 \end{bmatrix} \Rightarrow \begin{bmatrix} 0 & 2 & 3 & 5 \\ 1 & 0 & 4 & 5 \\ 1 & 2 & 0 & 1 \\ 0 & 1 & 4 & 5 \end{bmatrix} \Rightarrow \begin{bmatrix} 0 & 2 & 3 & 4 \\ 1 & 0 & 4 & 4 \\ 1 & 2 & 0 & 0 \\ 0 & 1 & 4 & 4 \end{bmatrix}$

初始指派：$\begin{bmatrix} ⓪ & 2 & 3 & 4 \\ 1 & ⓪ & 4 & 4 \\ 1 & 2 & ⓪ & \not{0} \\ \not{0} & 1 & 4 & 4 \end{bmatrix}$，因为独立的零的个数小于阶数，指派没有完成，继续进行。

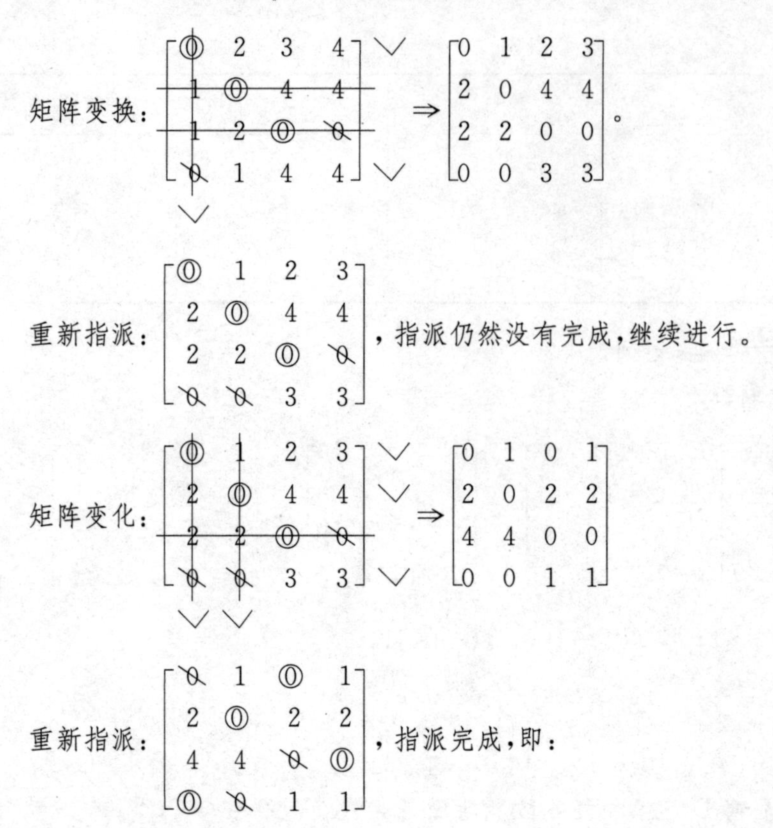

甲翻译德文(G)；乙翻译日文(J)；丙翻译俄文(R)；丁翻译英文(E)，总计最少时间为48。

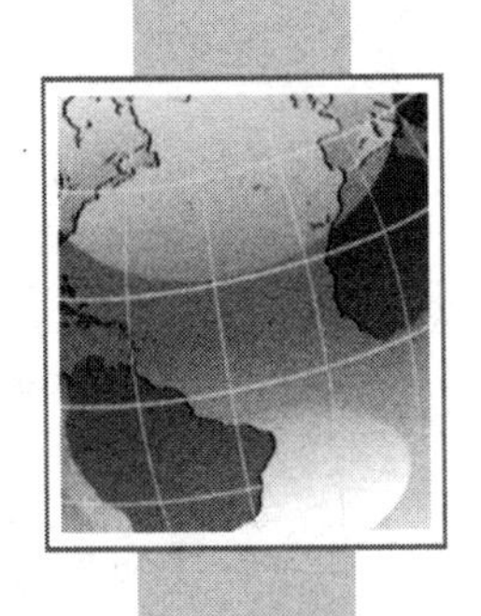

第6章 对策论

第1节 对策论基础

对策也称博弈，是自古以来的政治家和军事家都很注意研究的问题。作为一门正式学科，是在20世纪40年代形成并发展起来的。直到1944年冯·诺依曼（von Neumann）与摩根斯特恩（O. Morgenstern）的《博弈论与经济行为》一书出版，标志着现代系统博弈理论的初步形成。书中提出的标准型、扩展型和合作型博弈模型解的概念和分析方法，奠定了这门学科的理论基础，成为使用严谨的数学模型研究冲突对抗条件下最优决策问题的理论。然而，冯·诺依曼的博弈论的局限性也日益暴露出来。由于它过于抽象，使应用范围受到很大限制，所以影响力很有限。20世纪50年代，纳什建立了非合作博弈的"纳什均衡"理论，标志着博弈的新时代开始，是纳什在经济博弈论领域划时代的贡献，是继冯·诺依曼之后最伟大的博弈论大师之一。1994年纳什获得了诺贝尔经济学奖。他提出的著名的纳什均衡概念在非合作博弈理论中起着核心作用。由于纳什均衡的提出和不断完善，为博弈论广泛应用于经济学、管理学、社会学、政治学、军事科学等领域奠定了坚实的理论基础。

对策论也称竞赛论或博弈论，是研究具有斗争或竞争性质现象的数学理论和方法。一般认为，它是现代数学的一个新分支，是运筹学的一个重要学科。对策论发展的历史并不长，但由于它研究的问题与政治、经济、军事活动乃至一般的日常生活等有着密切联系，并且处理问题的方法具有明显特色，所以日益引起广泛关注。

在日常生活中，经常会看到一些相互之间具有斗争或竞争性质的行为，如下棋、打牌、体育比赛等。又比如战争中的双方，都力图选取对自己最有利的策略，千方百计去战胜对手。在政治方面，各国间的谈判、各种政治力量之间的斗争、各国际集团之间的斗争等；在经济活动中，各国之间、各公司企业之间的经济谈判，企业之间为争夺市场而进行的竞争等，无一不具有斗争或竞争的性质。

具有竞争或对抗性质的行为称为对策行为。在这类行为中，参加斗争或竞争的各方各自具有不同的目标和利益。为了达到各自的目标和利益，各方必须考虑对手的各种可能的行动方案，并力图选取对自己最有利或最合理的方案。对策论就是研究对策行为中斗争各方是否存在着最合理的行动方案，以及如何找到最合理的行动方案的数学理论和方法。

我国古代的“田忌赛马”就是一个典型的对策论研究的例子。

战国时期，有一天齐王提出要与田忌赛马，双方约定从各自的上、中、下三个等级的马中各选一匹参赛，每匹马均只能参赛一次，每次比赛双方各出一匹马，负者要付给胜者千金。已经知道，在同等级的马中，田忌的马不如齐王的马，而如果田忌的马比齐王的马高一等级，则田忌的马可取胜。当时，田忌的门客孙膑给他出了个主意：每次比赛时先让齐王牵出他要参赛的马，然后来用下马对齐王的上马，用中马对齐王的下马，用上马对齐王的中马。比赛结果，田忌二胜一负，赢得千金。由此看来，两个人各采取什么样的出马次序对胜负是至关重要的。

以下称具有对策行为的模型为对策模型或对策。对策模型的种类可以千差万别，但本质上都必须包括以下三个基本要素。

1. 局中人

在一个对策行为(或一局对策)中，有权决定自己行动方案的对策参加者，称为局中人。通常用 I 表示局中人的集合。如果有 N 个局中人，则 $I=\{1,2,\cdots, N\}$。一般要求一个对策中至少要有两个局中人。如在“田忌赛马”的例子中，局中人是齐王和田忌。

对策中关于局中人的概念具有广义性。局中人除了可理解为个人外，还可理解为某一集体，如球队、交战国、企业等。当研究在不确定的气候条件下进行某项与气候条件有关的生产决策时，就可把大自然当作一个局中人。另外，在对策中利益完全一致的参加者只能看成是一个局中人。例如，桥牌中的东、西方和南、北方各为一个局中人，虽有四人参赛，但只能算有两个局中人。

需要强调的是，在对策中总是假定每个局中人都是“理智的”决策者或竞争者，即对任一局中人来讲，不存在利用其他局中人决策的失误来扩大自身利益的可能性。

2. 策略集

一局对策中，可供局中人选择的一个实际可行的完整的行动方案称为一个策略。参加对策的每一局中人都有自己的策略集 S。一般来说，每一局中人的策略集中至少应包括两个策略。在“田忌赛马”的例子中，如果用(上，中，下)表示以上马、中马、下马依次参赛这样一个次序，这就是一个完整的行动方案，即为一个策略。可见，局中人齐王和田忌各自都有 6 个策略：(上，中，下)、(上，下，中)、(中，上，下)、(中，下，上)、(下，中，上)、(下，上，中)。

3. 赢得函数(支付函数)

在一局对策中，各局中人选定的策略形成的策略组称为一个局势，即若 s_i 是第 i 个局中人的一个策略，则 n 个局中人的策略组 $s=(s_1, s_2, \cdots, s_n)$ 就是一个局势。全体局势的集合 S 可用各局中人策略集的笛卡儿积表示，即 $S=S_1\times S_2\times\cdots\times S_n$。当一个局势出现后，对策的结果也就确定了。也就是说，对任一局势 $s\in S$，局中人 i 可以得到一个赢得值 $H_i(s)$。显然，$H_i(s)$ 是局势 s 的函数，称为第 i 个局中人的赢得函数。在齐王与田忌赛马的例子中，局中人集合为 $I=\{1, 2\}$，齐王和田忌的策略集可分别用 $S_1=\{\alpha_1, \alpha_2, \alpha_3, \alpha_4, \alpha_5, \alpha_6\}$ 和 $S_2=\{\beta_1, \beta_2, \beta_3, \beta_4, \beta_5, \beta_6\}$ 表示。

这样，齐王的任一策略和田忌的任一策略就形成了一个局势。如果 $\alpha_1=$(上，中，下)，$\beta_1=$(上，中，下)，则在局势 s_{11} 下齐王的赢得值为 $H_1(s_{11})=3$，田忌的赢得值为 $H_2(s_{11})=-3$。

在矩阵对策中，一般用Ⅰ、Ⅱ分别表示两个局中人，并设局中人Ⅰ有 m 个纯策略(以与后面的混合策略区别)α_1，α_2，…，α_m。局中人Ⅱ有 n 个纯策略 β_1，β_2，…，β_n。则局中人Ⅰ、Ⅱ的策略集分别为：

$$S_1 = \{\alpha_1, \alpha_2, \cdots, \alpha_m\}$$
$$S_2 = \{\beta_1, \beta_2, \cdots, \beta_n\}$$

当局中人Ⅰ选定纯策略 α_i 和局中人Ⅱ选定纯策略 β_j 后，就形成了一个纯局势(α_i, β_j)，对任一纯局势(α_i, β_j)，记局中人Ⅰ的赢得值为 a_{ij}，称

$$A = \begin{bmatrix} a_{11} & a_{12} & \cdots & a_{1n} \\ a_{21} & a_{22} & \cdots & a_{2n} \\ \vdots & \vdots & & \vdots \\ a_{m1} & a_{m2} & \cdots & a_{mn} \end{bmatrix}$$

为局中人Ⅰ的赢得矩阵(或为局中人Ⅱ的支付矩阵)。由于假定对策为零和的，故局中人Ⅱ的赢得矩阵就是$-A$。当局中人Ⅰ、Ⅱ和策略集 S_1，S_2，及局中人Ⅰ的赢得矩阵 A 确定后，一个矩阵对策也就给定了。通常，将一个矩阵对策记成 $G = \{\text{Ⅰ}, \text{Ⅱ}; S_1, S_2; A\}$ 或 $G = \{S_1, S_2, A\}$。

第2节　矩阵对策的最优纯策略

定义　设 $G = \{S_1, S_2, A\}$ 为矩阵对策。其中 $S_1 = \{\alpha_1, \alpha_2, \cdots, \alpha_m\}$，$S_2 = \{\beta_1, \beta_2, \cdots, \beta_n\}$，$A = (a_{ij})_{m\times n}$，若等式

$$\max_i \min_j a_{ij} = \min_j \max_i a_{ij} = a_{i^* j^*}$$

成立，记 $V_G = a_{i^* j^*}$。则称 V_G 为对策 G 的值，称使上式成立的纯局势$(\alpha_{i^*}, \beta_{i^*})$为 G 在纯策略下的解(或平衡局势)，α_{i^*} 与 β_{i^*} 分别称为局中人Ⅰ、Ⅱ的最优纯策略。

由定义可知，在矩阵对策中两个局中人都采取最优纯策略(如果最优纯策略存在)才是理智的行动。

[例6-1]　求解矩阵对策 $G = \{S_1, S_2, A\}$，其中

$$A = \begin{bmatrix} -7 & 1 & -8 \\ 3 & 2 & 4 \\ 16 & -1 & -3 \\ -3 & 0 & 5 \end{bmatrix}$$

表6-1

	β_1	β_2	β_3	$\min_j a_{ij}$
α_1	-7	1	-8	-8
α_2	3	2	4	2^*
α_3	16	-1	-3	-3
α_4	-3	0	5	-3
$\max_i a_{ij}$	16	2^*	5	

$$\max_i \min_j a_{ij} = \min_j \max_i a_{ij} = a_{22} = 2$$

对策的解为(α_2, β_2)，两个局中人的最优纯策略分别为α_2和β_2。

[例 6-2] 某单位采购员在秋天要决定冬季取暖用煤的储量问题。已知在正常的冬季气温条件下要消耗15吨煤，在较暖与较冷的气温条件下要消耗10吨和20吨煤。假定冬季时的煤价随天气寒冷程度而有所变化，在较暖、正常、较冷的气候条件下每吨煤价分别为100元、150元和200元，又设秋季时煤价为每吨100元。在没有关于当年冬季准确的气象预报的条件下，秋季储煤多少吨能使单位的支出最少？

这一储量问题可以看成是一个对策问题，把采购员当作局中人Ⅰ，他有三个策略：在秋天时买10吨、15吨与20吨煤，分别记为$\alpha_1, \alpha_2, \alpha_3$。把大自然看作局中人Ⅱ(可以当作理智的局中人来处理)，大自然(冬季气温)有三种策略：出现较暖的、正常的与较冷的冬季，分别记为$\beta_1, \beta_2, \beta_3$。把该单位冬季取暖用煤实际费用(即秋季购煤时的用费与冬季不够时再补购的费用总和)作为局中人Ⅰ的赢得，得矩阵如下：

$$\begin{array}{c} \\ \alpha_1(10) \\ \alpha_2(15) \\ \alpha_3(20) \end{array} \begin{array}{c} \begin{array}{ccc} \beta_1 & \beta_2 & \beta_3 \end{array} \\ \begin{bmatrix} -1\,000 & -1\,750 & -3\,000 \\ -1\,500 & -1\,500 & -2\,500 \\ -2\,000 & -2\,000 & -2\,000 \end{bmatrix} \end{array}$$

$$\max_i \min_j a_{ij} = \min_j \max_i a_{ij} = a_{33} = -2\,000$$

故对策的解为(α_3, β_3)，即秋季储煤20吨合理。

第3节 矩阵对策的混合策略

设矩阵对策$G = \{S_1, S_2, A\}$。当$\max_i \min_j a_{ij} = \min_j \max_i a_{ij}$时，不存在最优纯策略。

[例 6-3] 设一个赢得矩阵如下：

$$A = \begin{pmatrix} 5 & 9 \\ 8 & 6 \end{pmatrix} \begin{array}{l} \min \\ 5 \\ 6 \end{array} \quad \max 6 \quad \rightarrow \quad 策略\ \alpha_2$$

$$\max \underline{8 \quad 9} \quad \longrightarrow \quad \min 8 \quad \rightarrow \quad 策略\ \beta_1$$

当甲取策略α_2，乙取策略β_1时，甲实际赢得8比预期的多2，乙当然不满意。考虑到甲可能取策略α_2这一点，乙采取策略β_2。若甲也分析到乙可能采取策略β_2这一点，取策略α_1，则赢得更多为9……此时，对两个局中人甲、乙来说，没有一个双方均可接受的平衡局势，其主要原因是甲和乙没有执行上述原则的共同基础，即$\max \min a_{ij} \neq \min \max a_{ij}$。

一个自然的想法：对甲(乙)给出一个选取不同策略的概率分布，以使甲(乙)在各种情况下的平均赢得(损失)最多(最少)，即混合策略。求解混合策略的问题有图解法、迭代法、线性方程法和线性规划法等，我们这里只介绍线性规划法，其他方法略。

[例 6-4] 设甲使用策略α_1的概率为X_1'，使用策略α_2的概率为X_2'，并设在最坏的情况

下,甲赢得的平均值为V(未知)。

$$A=\begin{pmatrix}5 & 9\\ \\ 8 & 6\end{pmatrix}$$

STEP 1:

(1) $\left.\begin{matrix}X'_1+X'_2=1\\ X'_1,\ X'_2\geqslant 0\end{matrix}\right\}$

(2) 无论乙取何策略,甲的平均赢得应不少于V:

对乙取β_1:$5X'_1+8X'_2\geqslant V$

对乙取β_2:$9X'_1+6X'_2\geqslant V$

注意:$V>0$,因为A各元素为正。

STEP 2:

作变换:$X_1=X'_1/V$; $X_2=X'_2/V$

得到上述关系式变为:

$$\begin{cases}X_1+\ X_2=1/V \quad (V\text{越大越好})\text{待定}\\ 5X_1+8X_2\geqslant 1\\ 9X_1+6X_2\geqslant 1\\ X_1,\ X_2\geqslant 0\end{cases}$$

建立线性模型:

$$\min Z=X_1+X_2$$
$$\text{s. t.}\begin{cases}5X_1+8X_2\geqslant 1\\ 9X_1+6X_2\geqslant 1\\ X_1,\ X_2\geqslant 0\end{cases}\Rightarrow\begin{cases}X_1=1/21\\ X_2=2/21\\ 1/V=X_1+X_2=1/7\end{cases}$$

所以,$V=7$

返回原问题:$X'_1=X_1V=1/3$

$X'_2=X_2V=2/3$

于是甲的最优混合策略为:以 1/3 的概率选α_1,以 2/3 的概率选α_2,最优值$V=7$。

同样可求乙的最优混合策略。

当赢得矩阵中有非正元素时,$V>0$的条件不一定成立,可以作下列变换:选一正数k,令矩阵中每一元素加上k得到新的正矩阵A',其对应的矩阵对策$G'=\{S_1,\ S_2,\ A'\}$与$G=\{S_1,\ S_2,\ A\}$解相同,但$V_G=V'_G-k$。

优超原则:假设矩阵对策$G=\{S_1,\ S_2,\ A\}$,甲方赢得矩阵$A=[a_{ij}]_{m\times n}$,若存在两行(列),s行(列)的各元素均优于t行(列)的元素,即$a_{sj}\geqslant a_{tj}$,$j=1,\ 2,\ \cdots,\ n$ ($a_{is}\leqslant a_{it}$,$i=1,\ 2,\ \cdots,\ m$),称甲方策略α_s优超于α_t(β_s优超于β_t)。

在矩阵策略集中,进一步解释优超原则为:当局中人甲方的策略α_t被其他策略优超时,可在其赢得矩阵A中划去第t行(同理,当局中人乙方的策略β_t被其他策略优超时,可在矩阵A

中划去第 t 列)。如此得到阶数较小的赢得矩阵 A',其对应的矩阵对策 $G' = \{S_1, S_2, A'\}$ 与 $G = \{S_1, S_2, A\}$ 等价,即解相同。

[例 6-5] 设甲方的益损值,赢得矩阵为:

$$A = \begin{pmatrix} 3 & 2 & 0 & 3 & 0 \\ 5 & 0 & 2 & 5 & 9 \\ 7 & 3 & 9 & 5 & 9 \\ 4 & 6 & 8 & 7 & 5.5 \\ 6 & 0 & 8 & 8 & 3 \end{pmatrix}$$

← 第 1 行被第 3、4 行所优超
← 第 2 行被第 3 行所优超

得到:

$$A_1 = \begin{pmatrix} 7 & 3 & 9 & 5 & 9 \\ 4 & 6 & 8 & 7 & 5.5 \\ 6 & 0 & 8 & 8 & 3 \end{pmatrix}$$

第 3 列被第 1 列所优超
第 4 列被第 2 列所优超

得到:

$$A_2 = \begin{pmatrix} 7 & 3 & 9 \\ 4 & 6 & 5.5 \\ 6 & 0 & 3 \end{pmatrix}$$

第 3 行被第 1 行所优超

得到:

第 3 列被第 1 列所优超

$$A_3 = \begin{pmatrix} 7 & 3 & 9 \\ 4 & 6 & 5.5 \end{pmatrix}$$

最终得到 $A_4 = \begin{pmatrix} 7 & 3 \\ 4 & 6 \end{pmatrix}$

对 A_4 计算,用线性规划方法得到:

$$\text{甲}: X^* = (0, 0, 1/15, 2/15, 0)^T \quad V = 5$$
$$X^{*'} = (0, 0, 1/3, 2/3, 0)^T$$
$$\text{乙}: Y^* = (1/10, 1/10, 0, 0, 0)^T \quad V = 5$$
$$Y^{*'} = (1/2, 1/2, 0, 0, 0)^T$$

(注意:余下的策略为 α_3, α_4, β_1, β_2。)

注意:利用优超原则化简赢得矩阵时,有可能将原对策问题的解也划去一些(多解情况);线性规划求解时有可能是多解问题。

第 4 节 其他类型的对策论简介

在对策论中可以根据不同方式对对策问题进行分类,通常分类的方式有:(1) 根据局中人的个数,分为二人对策和多人对策;(2)根据各局中人的赢得函数的代数和是否为零,可分为零和对策和非零和对策;(3)根据局中人是否合作,又可分为合作对策和非合作对策;(4)根据局中人的策略集中个数,又分为有限对策和无限对策(或连续对策);(5)根据局中人掌握信息的情况及决策选择是否与时间有关可分为完全信息静态对策、完全信息动态对策、非完全信息静态对策及非完全信息动态对策;(6)根据对策模型的数字特征又分为矩阵对策、连续对策、微分对策、阵地对策、凸对策、随机对策。本节只对对策论中非合作对策的完全信息对策、多人非合作对策、非零和对策作一个简单的叙述性介绍。

一、完全信息静态对策

该对策是指掌握了参与人的特征、战略空间、支付函数等知识和信息,并且参与人同时选择行动方案或虽非同时但后行动者并不知道前行动者采取了什么行动方案。

纳什均衡是一个重要概念。在一个策略组合中,给定其他参与者策略的情况下,任何参与者都不愿意脱离这个组合,或者说打破这个僵局,这种均衡就称为纳什均衡。下面以著名的"囚徒困境"来进一步阐述。

[例 6-6] "囚徒困境"说的是两个囚犯的故事。这两个囚徒一起做坏事,结果被警察发现抓了起来,分别关在两个独立的不能互通信息的牢房里进行审讯。在这种情形下,两个囚犯都可以做出自己的选择:或者坦白(即与警察合作,从而背叛他的同伙),或者抵赖(也就是与他的同伙合作,而不是与警察合作)。这两个囚犯都知道,如果他俩都能抵赖的话,就都会被释放,因为只要他们拒不承认,警方无法给他们定罪。但警方也明白这一点,所以他们就给了这两个囚犯一点儿刺激:如果他们中的一个人坦白,即告发他的同伙,那么他就可以被无罪释放。而他的同伙就会被按照最重的罪来判决。当然,如果这两个囚犯都坦白,两个人都会被按照轻罪来判决,如图 6-1 所示。

	坦白	抵赖
坦白	轻罪，轻罪	重罪，无罪
抵赖	重罪，无罪	释放，释放

图 6-1

由分析可知,上例中每个囚犯都会选择坦白,因此这个战略组合是固定的,(坦白,坦白)就是纳什均衡解。而这个均衡是不会被打破的,即使他们在坐牢之前达成协议。囚徒困境反映了个人理性和集体理性的矛盾。对于双方,(抵赖,抵赖)的结果是最好的,但因为每个囚徒都是理性人,他们追求自身效应的最大化,结果就变成了(坦白,坦白)。个人理性导致了集体不理性。

二、完全信息动态对策

在完全信息静态对策中,假设各方都同时选择行动。现在情况稍复杂一些。如果各方行动存在先后顺序,后行的一方会参考先行者的策略而采取行动,而先行者也会知道后行者会根据他的行动采取何种行动,因此先行者会考虑自己行动会对后行者的影响后选择行动。这类问题称为完全信息动态对策问题。

[例 6-7] 某行业中只有一个垄断企业 A,有一个潜在进入者——企业 B。B 可以选择进入或不进入该行业这两种行动,而 A 当 B 进入时,可以选择默认或者报复两种行动。如果

B进入后A企业报复，将造成两败俱伤的结果，但如果A默认B进入，必然对A的收益造成损失。同样地，如果B进入而A报复，则B受损；反之，将受益。把此关系用图6-2表示。

		A 默许	A 报复
B	进入	50,100	-20,0
B	不进入	0,200	0,200

图6-2 A、B的行动及结果

由分析可知，上例中(B选择不进入，A选择报复)和(B选择进入，A选择默许)都是纳什均衡解。但在实际中，(B选择不进入，A选择报复)这种情况是不可能出现的。因为B知道它如果进入，A只能默许，所以只有(B选择进入，A选择默许)会发生。或者说，A选择报复行动是不可置信的威胁。对策论的术语中，称(A选择默许，B选择进入)为精炼纳什均衡。当且只当参与人的战略在每一个子对策中都构成纳什均衡，这个纳什均衡才称为精炼纳什均衡。当然，如果A下定决心一定要报复B，即使自己暂时损失。这时威胁就变成了可置信的，B就会选择不进入，(B选择不进入，A选择报复)就成为精炼纳什均衡。军事交战时，“破釜沉舟”讲的就是一种可置信威胁。实际企业经营中也有很多类似的例子。

三、多人非合作对策

有三个或三个以上对策方参加的对策就是“多人对策”。多人对策同样也是对策方在意识到其他对策方的存在，意识到其他对策方对自己决策的反应和反作用存在的情况下，寻求自身最大利益的决策活动。因此，它们的基本性质和特征与两人对策是相似的，我们常常可以用与研究两人对策同样的思路和方法来研究它们，或将两人对策的结论推广到多人对策。不过，毕竟多人对策中出现了更多的追求各自利益的独立决策者，因此，策略的相互依存关系也就更为复杂，对任一对策方的决策引起的反应也就要比两人对策复杂得多。并且，在多人对策中还有一个与两人对策有本质区别的特点，即可能存在“破坏者”。所谓破坏者，即一个对策中具有下列特征的对策方：其策略选择对自身的得益没有任何影响，但却会影响其他对策方的得益，有时这种影响甚至有决定性的作用。例如，有三个城市争夺某届奥运会的主办权。

四、非零和对策

所谓零和对策，就是一方的收益必定是另一方的损失。这种对策的特点是不管各对策方如何决策，最后各对策方得益之和总是为零。有某些对策中，每种结果之下各对策方的得益之和不等于0，但总是等于一个非零常数，就称之为“常和对策”。当然，可以将零和对策本身看作是常和对策的特例。

“零和对策”和“常和对策”之外的所有对策都可被称为“非零和对策”。非零和对策即意味着在不同策略组合(结果)下各对策方的得益之和一般是不相同的。如前述“囚徒困境”就是典型的非零和对策。应该说，非零和对策是最一般的对策类型，而常和对策和零和对策都是它的特例。在非零和对策中，存在着总得益较大的策略组合与总得益较小的策略组合之间的区别，这也就意味着在对策方之间存在着互相配合，争取较大的总得益和个人得益的可能性。

两人零和对策是完全对抗性的，总得益为0，其解法可能性根据矩阵对策予以求解，但在非零和对策下，矩阵对策求解法已经不适用了，下面用例子予以说明。

[例 6-8] 甲、乙两公司生产同一产品，均想以登广告扩大产品销售，两家公司都有“登”与“不登”两种策略，双方的得益矩阵如图 6-3 所示。

		乙	
		登	不登
甲	登	3,2	9,−3
	不登	−2,8	6,5

图 6-3 甲、乙两家公司行动及结果

我们根据得益矩阵来分析。从甲公司立场上看，登广告有利，不管乙公司如何，保证盈利至少是 3，最多是 9。如果不登广告，可能要蒙受损失 2。从乙公司的立场上看，同样理由，还是登广告好。但是，这是从理智行为出发的策略，是以彼此不能合作为前提的。上述两公司均采取登广告的策略是稳定的结局。可是，如果彼此能够合作，而都不登广告，免去了广告费，反而各自的盈利要多。在彼此不能合作的情况下，如果甲不登，恰好乙登，甲只好出现败局，这是非理智的策略，带有危险性。因此，非零和对策常常不易获得最理想的答案。对于三个以上的多人零和对策，互相利害关系更加复杂。

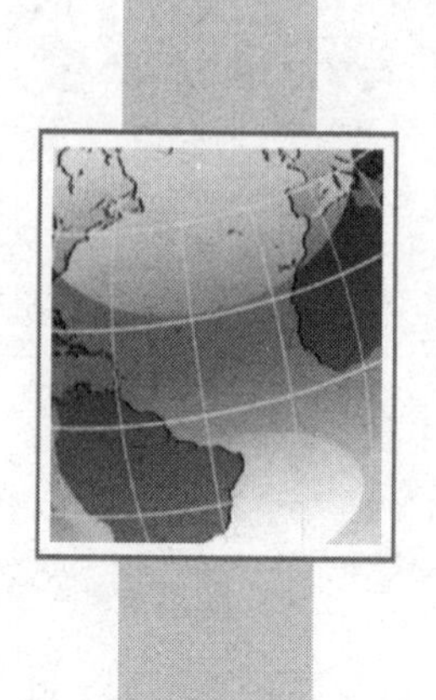

第7章 图与网络优化

图论是应用十分广泛的运筹学分支,它已广泛地应用在物理学、化学、控制论、信息论、科学管理、电子计算机等各个领域。在实际生活、生产和科学研究中,有很多问题可以用图论的理论和方法来解决。例如,在组织生产中,为完成某项生产任务,各工序之间怎样衔接才能使生产任务完成得既快又好;一个邮递员送信,要走完他负责投递的全部街道,完成任务后回到邮局,应该按照怎样的路线走而使所走的路程最短;再例如,各种通信网络的合理架设、交通网络的合理分布等。上述问题应用图论的方法求解都很简便。

欧拉在1736年发表图论方面的第一篇论文,解决了著名的哥尼斯堡七桥问题。哥尼斯堡城中有一条河叫普雷格尔河,该河中有两座岛,河上有七座桥,如图7-1(a)所示。

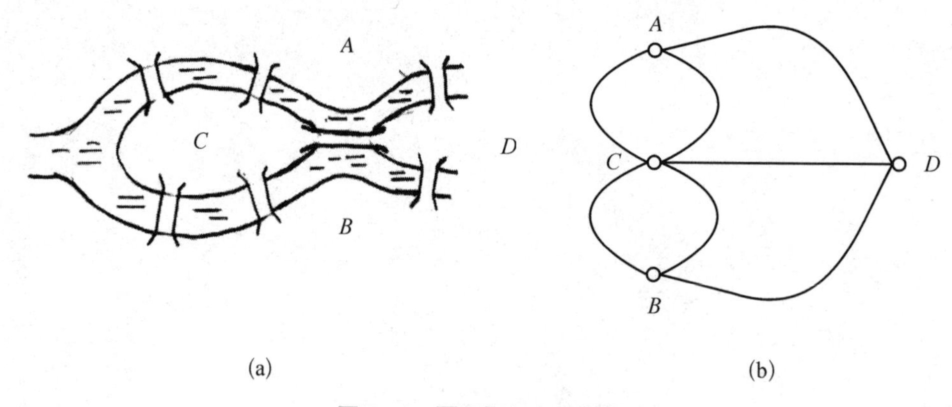

图7-1　哥尼斯堡七桥问题

当时那里的居民热衷于这样的问题:一个散步者能否走过七座桥,且每座桥只走过一次,最后回到出发点。1736年欧拉将此问题归结为如图7-1(b)所示图形的一笔画问题。即能否从某一点开始,不重复地一笔画出这个图形,最后回到出发点。欧拉证明了这是不可能的,因为图7-1(b)中的每个点都只与奇数条线相关联,不可能将这幅图不重复地一笔画成。这是古典图论中的一个著名问题。

随着科学技术的发展以及电子计算机的出现与广泛应用,20世纪50年代,图论得到进一步发展。将庞大复杂的工程系统和管理问题用图进行描述，可以解决很多工程设计和管理决策的最优化问题。例如，完成工程任务的时间最少、距离最短、费用最省等。图论受到数学、工程技术及经营管理等各个方面越来越广泛的重视。

第 1 节　图的基本概念

图论中，图是由点和边构成的，可以反映一些对象之间的关系。在实际生活中，人们为了反映一些对象之间的关系，常常在纸上用点和线画出各种各样的示例。例如，在一个人群中，对相互认识这个关系我们可以用图来表示。图 7 - 2 就是一个表示这种关系的图。

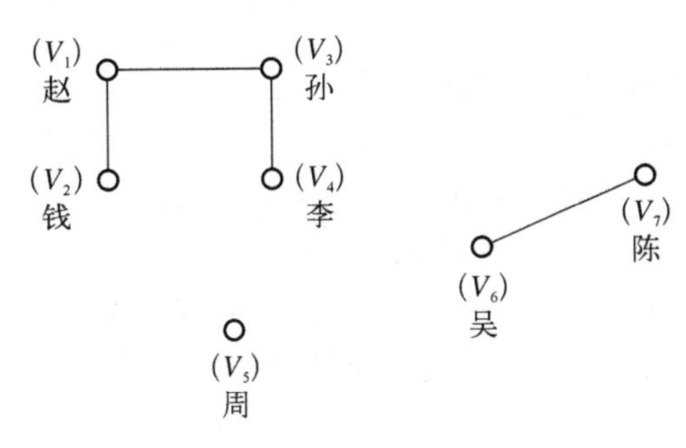

图 7 - 2　人物关系图(1)

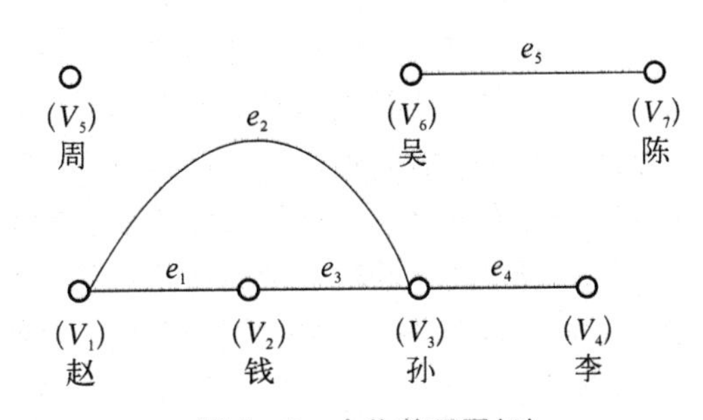

图 7 - 3　人物关系图(2)

当然图论不仅仅是要描述对象之间的关系，还要研究特定关系之间的内在规律。一般情况下，图中点的相对位置如何、点与点之间连线的长短曲直，对于反映对象之间的关系并不是重要的，如对赵等七人的相互认识关系，我们也可以用图 7 - 3 来表示，可见图论中的图与几何图、工程图是不一样的。

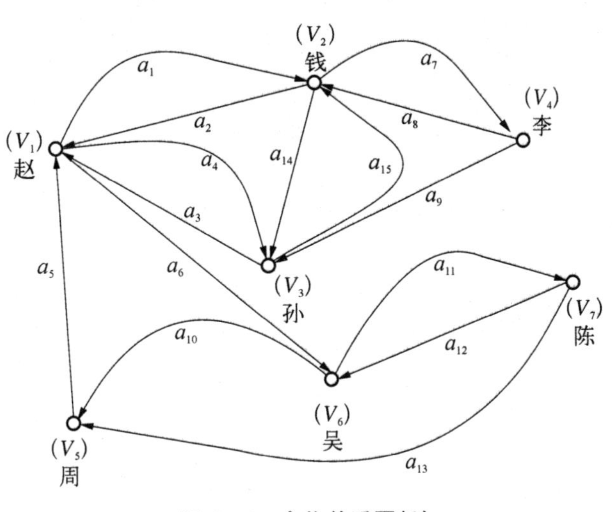

图 7 - 4　人物关系图(3)

如果我们把上面例子中的"相互认识"关系改为"认识"的关系，那么只用两点之间的连线就很难刻画他们之间的关系了，这时我们引入一条带箭头的连线，称为弧。图 7 - 4 就是一个反映这七人"认识"关系的图。相互认识用两条反向的弧表示。

因此，我们给出以下几个基本概念：

无向图：由点和边构成的图，记作 $G=(V,\ E)$。

有向图：由点和弧构成的图，记作 $D=(V,\ A)$。

连通图：对无向图 G，若任何两个不同的点之间至少存在一条链，则 G 为连通图。

回路：若路的第一个点和最后一个点相同，则该路为回路。

赋权图：对一个无向图 G 的每一条边 $(v_i,\ v_j)$，相应地有一个数 w_{ij}，则称图 G 为赋权图，w_{ij} 称为边 $(v_i,\ v_j)$ 上的权。

网络：在赋权的有向图 D 中指定一点，称为发点，指定另一点称为收点，其他点称为中间点，并把 D 中的每一条弧的赋权数称为弧的容量，D 就称为网络。

第2节　最短路问题

对一个赋权的有向图 D 中指定的两个点 V_s 和 V_t，找到一条从 V_s 到 V_t 的路，使得这条路上所有弧的权数的总和最小，这条路被称为从 V_s 到 V_t 的最短路。这条路上所有弧的权数的总和被称为从 V_s 到 V_t 的距离。

求解最短路的 Dijkstra 算法(双标号法)的步骤为：

(1) 给出点 V_1 以标号 $(0,s)$。

(2) 找出已标号的点的集合 I，没标号的点的集合 J 以及弧的集合。

(3) 如果上述弧的集合是空集，则计算结束。如果 v_t 已标号 (l_t, k_t)，则 v_s 到 v_t 的距离为 l_t，而从 v_s 到 v_t 的最短路径，则可以从 k_t 反向追踪到起点 v_s 而得到。如果 v_t 未标号，则可以断言不存在从 v_s 到 v_t 的有向路。如果上述弧的集合不是空集，则转下一步。

(4) 对上述弧的集合中的每一条弧，计算 $s_{ij} = l_i + c_{ij}$。在所有的 s_{ij} 中，找到其值为最小的弧。不妨设此弧为 (V_c, V_d)，则给此弧的终点以双标号(scd,c)，返回步骤(2)。

[例 7-1] 求图 7-5 中 V_1 到 V_6 的最短路。

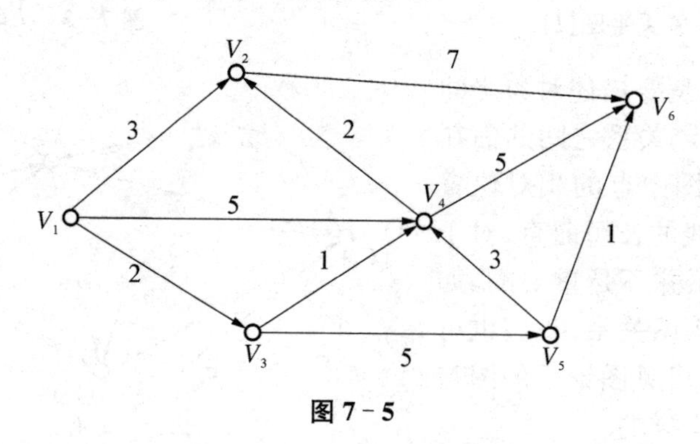

图 7-5

解：采用 Dijkstra 算法，以上步骤可以用表 7-1 的方法进行计算，以下将对该算法进行阐述和说明。

表 7-1　Dijkstra 算法计算过程

		V_2	V_3	V_4	V_5	V_6
起点 V_1	Step1					
	Step2					
	Step3					
	Step4					
	Step5					

表 7-1 可以计算起点 V_1 到其他所有点(V_2, V_3, V_4, V_5, V_6)的最短路径。由于有 5 个点，所以经过 5 个步骤可以计算出 V_1 到其他所有点(V_2, V_3, V_4, V_5, V_6)的最短路径。以下

将计算过程加以说明，如表 7－2 所示。

表 7－2　Dijkstra 算法计算过程

		V_2	V_3	V_4	V_5	V_6
起点 V_1	Step1	3	2	5	M	M
	Step2	3		min(5, 2+1)=3	2+5=7	M
	Step3			3	7	3+7=10
	Step4				7	min(10, 3+5)=8
	Step5					min(8, 7+1)=8

Step1：从 V_1 开始计算，根据图 7－5，与 V_1 相邻接的点有 V_2、V_3 和 V_4（注意：与 V_1 相邻接，V_1 是前向点，V_2、V_3 和 V_4 是后向点），路权分别是 1 和 5。因此，在第一行 V_2、V_3 和 V_4 列分别填入数字 3、2 和 5。V_5 和 V_6 不与 V_1 相邻，填入 M（表示无穷大）。min(2, 3, 5)=2，对应的点是 V_3，在数字下面画一条"—"，见表 7－3。

Step2：Step1 找到了一条到 V_3 的最短路径，与 V_3 相邻接的点有 V_4 和 V_5（注意：与 V_3 相邻接，V_3 是前向点，V_4 和 V_5 是后向点，以下不再重复说明），路权分别是 3、2 和 5。因此，在第二行 V_2 列仍然填 3，V_3 列已经找到最短路径，因此不填，V_4 列，在 Step1 中填 5，又与 V_3 邻接，需要比较从最短路径 V_3 到 V_4 总长 5 与 Step1 行中 V_1 到 V_4 总长进行比较，选取更短的路径，由于 min(5, 2+1)=3，因此 Step2 行 V_4 列填入 3。V_5 列在 Step1 行中是 M，且与 V_3 相邻接，因此更新为 2+5=7（即 V_1 到 V_3 的最短路径总长加上 V_3 到 V_5 的路权）。Step2 行中 V_6 列仍填 M。min(3, 3, 7)=3，对应的点为 V_2 和 V_4，选取下标最小的点 V_2，在数字下面画一条"—"。Step2 完成，找到了另外一条最短路径：V_1 到 V_3。

重复以上 Step1 和 Step2，直至 Step5 计算完成，计算结果如表 7－3 所示。

如果对计算过程熟悉，可以不用写出计算过程，直接将数字填入表 7－3 中。

表 7－3　Dijkstra 算法计算结果

		V_2	V_3	V_4	V_5	V_6
起点 V_1	Step1	3	2	5	M	M
	Step2	3		3	7	M
	Step3			3	7	10
	Step4				7	8
	Step5					8(V_5)

以下从表 7－2（或表 7－3 中）读出 V_1 到 V_6 的最短路径。首先看 V_6 列，Step5 列中的 8 可以由 V_5，也可以由 Step4 列中的 V_4（Step3 中找到 V_1 到 V_4 的最短路径）得到，因此 V_1 到 V_6 的最短路径有两条，分别是 $V_1 \rightarrow V_3 \rightarrow V_4 \rightarrow V_6$ 和 $V_1 \rightarrow V_3 \rightarrow V_5 \rightarrow V_6$。

其中，最短路径为 $V_1 \rightarrow V_3 \rightarrow V_4 \rightarrow V_6$，各点的标号如图 7－6 所示。

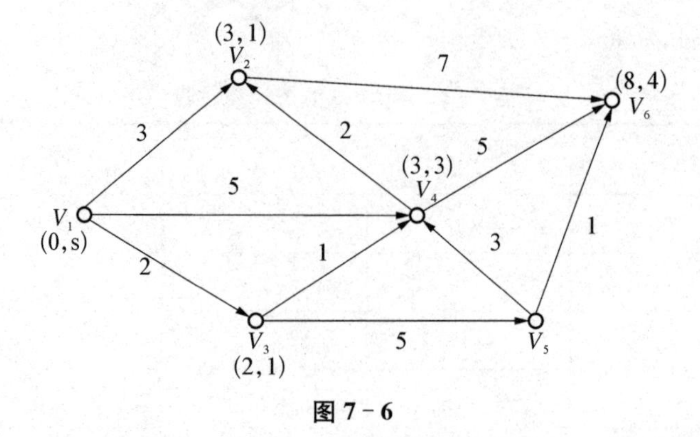

图 7-6

［例 7-2］ 电信公司准备在甲、乙两地沿路架设一条光缆线，问如何架设使其光缆线路最短？图 7-7 给出了甲、乙两地间的交通图。权数表示两地间公路的长度(单位：千米)。

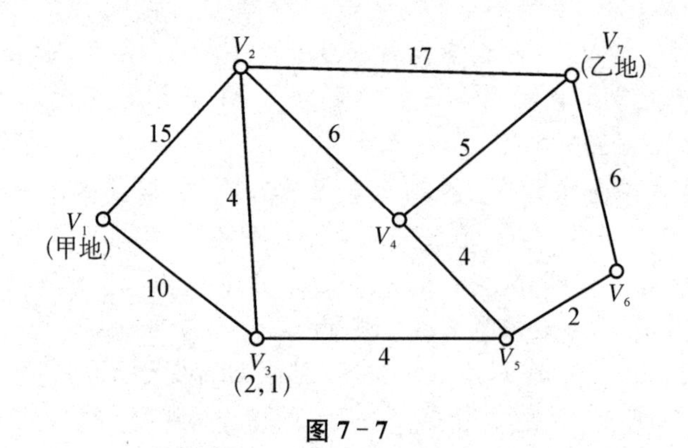

图 7-7

解：这是一个求无向图的最短路径的问题。可以把无向图的每一边(V_i, V_j)都用方向相反的两条弧(V_i, V_j)和(V_j, V_i)代替，就化为有向图，即可用 Dijkstra 算法来求解。

表 7-4

		V_2	V_3	V_4	V_5	V_6	V_7
起点 V_1	Step1	15	10	M	M	M	M
	Step2	13		M	14	M	M
	Step3			19	14	M	32
	Step4			18		16	32
	Step5			18			22
	Step6						22

根据表 7-4，最短路径为 $V_1 \to V_3 \to V_5 \to V_6 \to V_7$。路径总长为 22 千米。

第 3 节 最大流问题

最大流问题是指给一个带收发点的网络，其每条弧的赋权称为容量，在不超过每条弧的容量的前提下，求出从发点到收点的最大流量。

一、最大流的数学模型

[例7-3]　某石油公司拥有一个管道网络,使用这个网络可以把石油从采地运送到一些销售点,这个网络的一部分如图7-8所示。由于管道的直径的变化,它的各段管道(V_i, V_j)的流量c_{ij}(容量)也是不一样的。c_{ij}的单位为万加仑/小时。如果使用这个网络系统从采地V_1向销地V_7运送石油,问每小时能运送多少加仑石油?

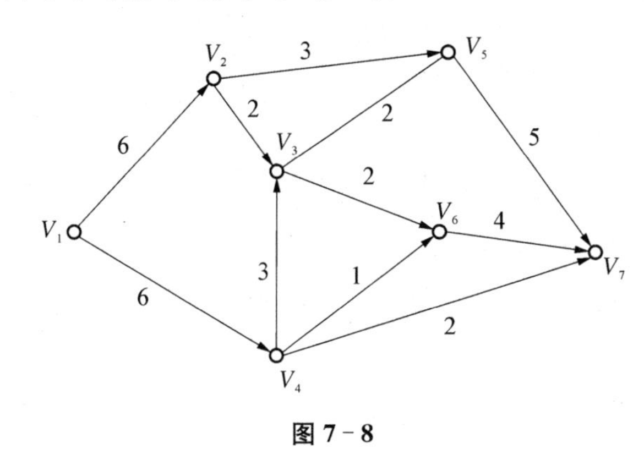

图7-8

我们可以为此例题建立线性规划模型:

设弧(V_i, V_j)上流量为f_{ij},网络上总的流量为F,则有:

$$\max F = f_{12} + f_{14}$$

$$\begin{cases} f_{12} = f_{23} + f_{25} \\ f_{14} = f_{43} + f_{46} + f_{47} \\ f_{23} + f_{43} = f_{35} + f_{36} \\ f_{25} + f_{35} = f_{57} \\ f_{36} + f_{46} = f_{67} \\ f_{57} + f_{67} + f_{47} = f_{12} + f_{14} \\ f_{ij} \leqslant c_{ij} \, (i = 1, 2, \cdots, 6;\ j = 1, 2, \cdots, 7) \\ f_{ij} \geqslant 0 \ (i = 1, 2, \cdots, 6;\ j = 1, 2, \cdots, 7) \end{cases}$$

在这个线性规划模型中,其约束条件中的前6个方程表示网络中的流量必须满足守恒条件,发点的流出量必须等于收点的总流入量;其余的点称为中间点,它的总流入量必须等于总流出量。其后面几个约束条件表示对每一条弧(V_i, V_j)的流量f_{ij}要满足流量的可行条件,应小于等于弧(V_i, V_j)的容量c_{ij},并大于等于零,即$0 \leqslant f_{ij} \leqslant c_{ij}$。我们把满足守恒条件及流量可行条件的一组网络流$\{f_{ij}\}$称为可行流(即线性规划的可行解),可行流中一组流量最大(也即发出点总流出量最大)的称为最大流(即线性规划的最优解)。

将图7-8中的数据代入以上线性规划模型,用相关运筹学运算软件,马上得到以下的结果:$f_{12} = 5$, $f_{14} = 5$, $f_{23} = 2$, $f_{25} = 3$, $f_{43} = 2$, $f_{46} = 1$, $f_{47} = 2$, $f_{35} = 2$, $f_{36} = 2$, $f_{57} = 5$, $f_{67} = 3$。最优值(最大流量)$F = 10$。

二、最大流问题网络图论的解法

对网络上弧的容量的表示作改进,省去弧的方向,如图7-9的(a)与(b)、(c)与(d)的意义相同。

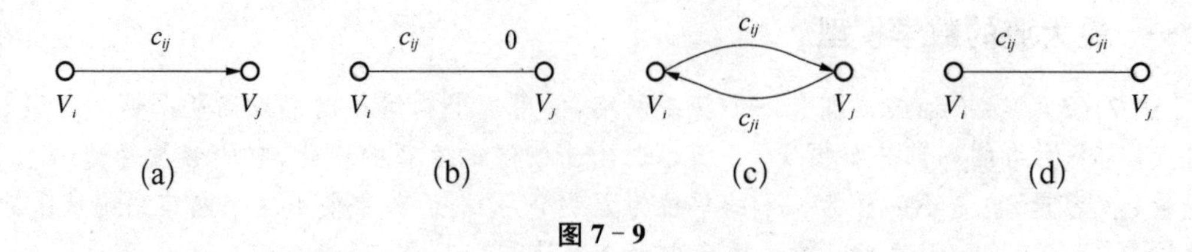

图 7-9

用以上方法对例 7-3 的图的容量标号作改进，得到图 7-10：

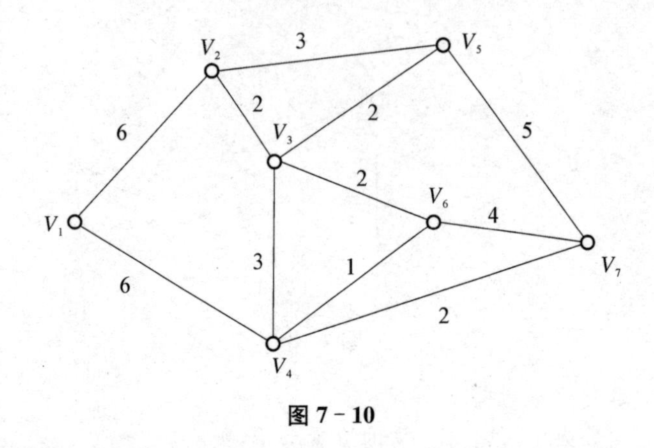

图 7-10

求最大流的基本算法为：

(1) 找出一条从发点到收点的路，在这条路上的每一条弧顺流方向的容量都大于零。如果不存在这样的路，则已经求得最大流。

(2) 找出这条路上各条弧的最小的顺流的容量 pf，通过这条路增加网络的流量 pf。

(3) 在这条路上，减少每一条弧的顺流容量 pf，同时增加这些弧的逆流容量 pf，返回步骤(1)。

用此方法对例 7-3 求解：

第一次迭代：选择路为 $V_1 \to V_4 \to V_7$。弧(V_4, V_7)的顺流容量为 2，决定了 $pf = 2$，改进的网络流量图如图 7-11 所示，图中虚线表示该路径已经饱和。

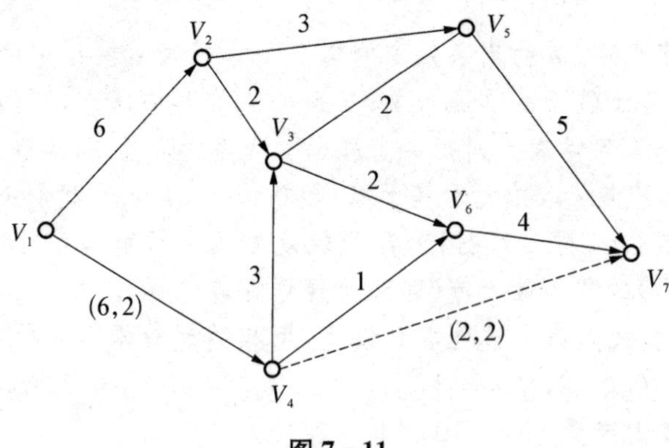

图 7-11

第二次迭代：选择路为 $V_1 \to V_2 \to V_5 \to V_7$。弧$(V_2, V_5)$的顺流容量为 3，决定了 $pf = 3$，改进的网络流量图如图 7-12 所示。

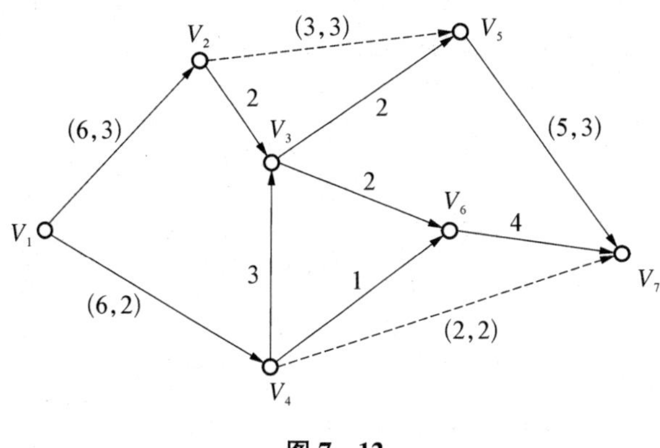

图 7－12

第三次迭代：选择路为 $V_1 \to V_4 \to V_6 \to V_7$。弧($V_4$，$V_6$)的顺流容量为 1，决定了 $pf=1$，改进的网络流量图如图 7－13 所示。

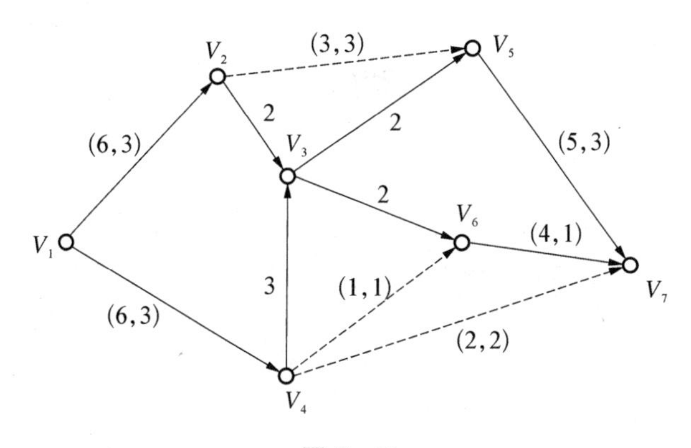

图 7－13

第四次迭代：选择路为 $V_1 \to V_4 \to V_3 \to V_6 \to V_7$。弧($V_3$，$V_6$)的顺流容量为 2，决定了 $pf=2$，改进的网络流量图如图 7－14 所示。

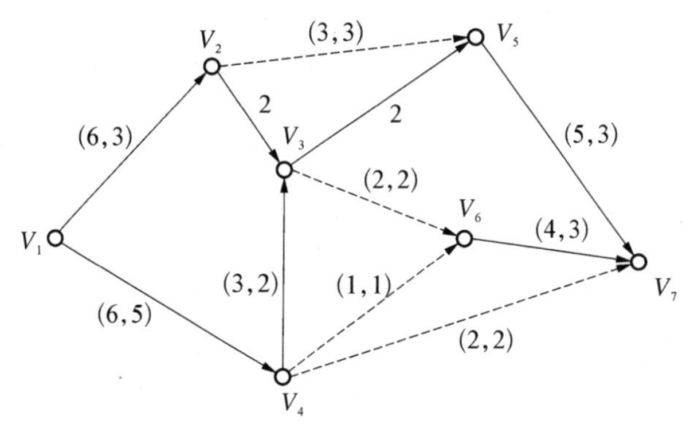

图 7－14

第五次迭代：选择路为 $V_1 \to V_2 \to V_3 \to V_5 \to V_7$。弧($V_2$，$V_3$)的顺流容量为 2，决定了 $pf=2$。

经过第五次迭代后在图中已经找不到从发点到收点的一条路，路上的每一条弧顺流容量都大于零，运算停止，得到最大流量为 10。最大流量如图 7 - 15 所示，并作出截集。

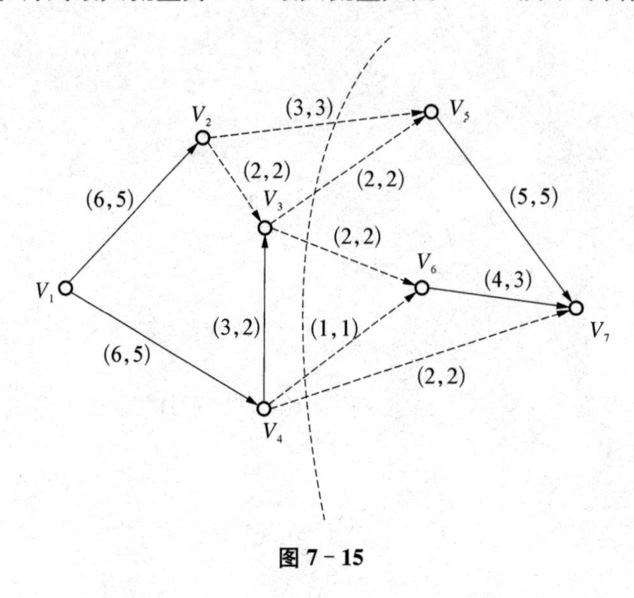

图 7 - 15

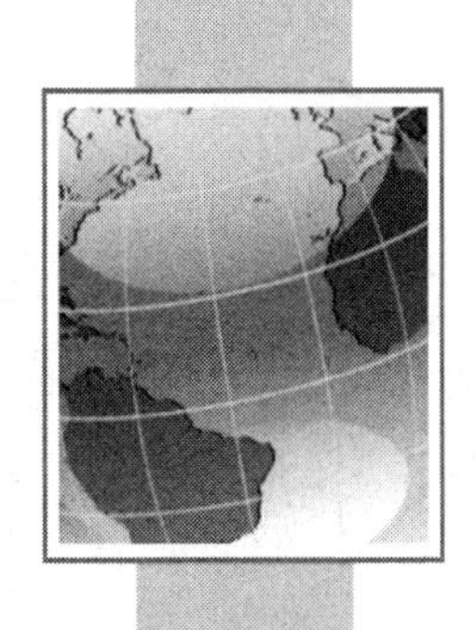

第8章 决策分析

“决策”一词来源于英文 decision making，直译为“作出决定”。所谓决策，就是为了实现预定的目标，在若干可供选择的方案中选出一个最佳行动方案的过程，它是一门帮助人们科学地决策的理论。

决策理论是把第二次世界大战以后发展起来的系统理论、运筹学、计算机科学等综合运用于管理决策问题，形成的一门有关决策过程、准则、类型及方法的较完整的理论体系。决策理论已形成了以诺贝尔经济学奖得主赫伯特·西蒙(Herbert Simon)为代表人物的决策理论学派。

决策理论是有关决策概念、原理、学说等的总称。“决策”通常是指从多种可能中作出选择和决定。行政决策理论是用以指导和阐释行政决策的理论依据。

行政决策理论形成于20世纪30～40年代。首先提出行政决策观点的是美国学者 L. 古立克。他在《组织理论》一文中认为，决策是行政的主要功能之一。其后，美国学者 C. I. 巴纳德在《行政领导的功能》一书中，认为行政决策是实现组织目标的重要战略因素。这些观点对后来行政决策理论颇有影响。但行政决策理论体系的形成，并使其在行政学中占有重要的地位，则是由美国行政学家 H. A. 西蒙实现的。1944年，他先在《决策与行政组织》一文中提出了决策理论的轮廓。3年后，他出版了《行政行为——在行政组织中决策程序的研究》，成为决策理论方面最早的专著。此后，他继续研究决策理论和实际决策技术(包括运筹学、计算机学)，为决策学成为新的管理学科奠定了基础。

一、决策理论的代表性理论

行政决策理论的种类较多，不同学者阐述问题的角度也各不相同。其中具有代表性的理论包括以下几种：

1. 完全理性决策论

完全理性决策论又称客观理性决策论，代表人物有英国经济学家 J. 边沁、美国科学管理学家 F. W. 泰勒等。他们认为，人是坚持寻求最大价值的经济人。经济人具有最大限度的理性，能为实现组织和个人目标而作出最优的选择。

其在决策上的表现是：决策前能全盘考虑一切行动，以及这些行动所产生的影响；决策者根据自身的价值标准，选择最大价值的行动为对策。这种理论只是假设人在完全理性下决策，而不是在实际决策中的状态。

2. 连续有限比较决策论

连续有限比较决策论的代表人物是 H. A. 西蒙。他认为，人的实际行动不可能合乎完全理性，决策者是具有有限理性的行政人，不可能预见一切结果，只能在供选择的方案中选出一个"满意的"方案。"行政人"对行政环境的看法简化，往往不能抓住决策环境中的各种复杂因素，而只能看到有限几个方案及其部分结果。事实上，理性程度对决策者有很大影响，但不应忽视组织因素对决策的作用。

3. 理性、组织决策论

理性、组织决策论的代表人物有美国组织学者 J. G. 马奇。他承认个人理性的存在，并认为由于人的理性受个人智慧与能力所限，必须借助组织的作用。通过组织分工，每个决策者可以明确自己的工作，了解较多的行动方案和行动结果。组织提供给个人以一定的引导，使决策有明确的方向。组织运用权力和沟通的方法，使决策者便于选择有利的行动方案，进而增加决策的理性。而衡量决策者理性的依据，是组织目标而不是个人目标。

4. 现实渐进决策论

现实渐进决策论的代表人物是美国的政治经济学者 C. E. 林德布洛姆。他的理论的基点不是人的理性，而是人所面临的现实，并对现实所作的渐进改变。他认为，决策者不可能拥有人类的全部智慧和有关决策的全部信息，决策的时间、费用又有限，故决策者只能采用应付局面的办法，在"有偏袒的相互调整中"作出决策。该理论要求决策程序简化，决策实用、可行并符合利益集团的要求，力求解决现实问题。这种理论强调现实和渐进改变，受到了行政决策者的重视。

5. 非理性决策论

非理性决策论的代表人物有奥地利心理学家 S. 弗洛伊德和意大利社会学家 V. 帕累托等。该理论的基点既不是人的理性，也不是人所面临的现实，而是人的情欲。他们认为，人的行为在很大程度上受潜意识的支配，许多决策行为往往表现出不自觉、不理性的情欲，表现为决策者在处理问题时常常感情用事，从而作出不明智的安排。

二、决策理论的观点

决策理论是在系统理论的基础上，吸收了行为科学、运筹学和计算机科学等研究成果而发展起来的。主要代表人物是美国人西蒙，其代表作为《管理决策新科学》。西蒙因其在决策理论、决策应用等方面做出的开创性研究，而获得 1978 年诺贝尔经济学奖。决策理论的观点主要表现在三个方面：

(1) 突出决策在管理中的地位。决策管理理论认为：管理的实质是决策，决策贯穿于管理的全过程，决定了整个管理活动的成败。如果决策失误，组织的资源再丰富、技术再先进，也是无济于事的。

(2) 系统阐述了决策原理。西蒙对于决策的程序、准则、类型及技术等做了科学的分析，并提出用"满意标准"代替传统决策理论的"最优化标准"，研究了决策过程中冲突的解决方法。

(3) 强调了决策者的作用。决策理论认为组织是决策者个人所组成的系统，因此，强调不仅要注意在决策中应用定量方法、计算技术等新的科学方法，而且要重视心理因素、人际关系等社会因素在决策中的作用。

三、构成决策问题的四个要素

构成决策问题的四个要素有决策目标、行动方案、自然状态、效益值。

行动方案集：$A = \{S_1, S_2, \cdots, S_m\}$

自然状态集：$N = \{N_1, N_2, \cdots, N_k\}$

效益(函数)值：$V = (S_i, N_j)$

自然状态发生的概率 $P = P(S_j), j = 1, 2, \cdots, m$

决策模型的基本结构：(A, N, P, V)

基本结构(A, N, P, V)常用决策表、决策树等表示。

第1节 不确定情况下的决策

特征：(1) 自然状态已知；(2) 各方案在不同自然状态下的收益值已知；(3) 自然状态发生不确定。

[例8-1] 某公司需要对某新产品生产批量作出决策，各种批量在不同的自然状态下的收益情况如表8-1(收益矩阵)所示。

表8-1

行动方案 \ 自然状态	N_1(需求量大)	N_2(需求量小)
S_1(大批量生产)	30	−6
S_2(中批量生产)	20	−2
S_3(小批量生产)	10	5

一、最大最小准则(悲观准则)

决策者从最不利的角度去考虑问题：

先选出每个方案在不同自然状态下的最小收益值(最保险)，然后从这些最小收益值中取最大的，从而确定行动方案。

用(S_i, N_j)表示收益值，得到解如表8-2所示。

表8-2

行动方案 \ 自然状态	N_1 (需求量大)	N_2 (需求量小)	$\min\limits_{1\leqslant j\leqslant 2}[\alpha(S_i, N_j)]$
S_1(大批量生产)	30	−6	−6
S_2(中批量生产)	20	−2	−2
S_3(小批量生产)	10	5	5(max)

二、最大最大准则(乐观准则)

决策者从最有利的角度去考虑问题：

先选出每个方案在不同自然状态下的最大收益值(最乐观)，然后从这些最大收益值中取最大的，从而确定行动方案。

用(S_i, N_j)表示收益值，得到表 8-3。

表 8-3

自然状态 / 行动方案	N_1（需求量大）	N_2（需求量小）	$\max\limits_{1\leqslant j\leqslant 2}[\alpha(S_i, N_j)]$
S_1（大批量生产）	30	−6	30(max)
S_2（中批量生产）	20	−2	20
S_3（小批量生产）	10	5	10

三、等可能性准则(Laplace 准则)

决策者把各自然状态发生的机会看成是等可能的：

设每个自然状态发生的概率为 1/事件数，然后计算各行动方案的收益期望值。

用$E(S_i)$表示第 i 方案的收益期望值，得到表 8-4。

表 8-4

自然状态 / 行动方案	N_1（需求量大）$p=1/2$	N_2（需求量小）$p=1/2$	收益期望值 $E(S_i)$
S_1（大批量生产）	30	−6	12(max)
S_2（中批量生产）	20	−2	9
S_3（小批量生产）	10	5	7.5

四、乐观系数(折中)准则(Hurwicz 胡魏兹准则)

决策者取乐观准则和悲观准则的折中：

先确定一个乐观系数 α $(0<\alpha<1)$，然后计算：

$$CV_i=\alpha\max[\alpha(S_i, N_j)]+(1-\alpha)\min[\alpha(S_i, N_j)]$$

从这些折中标准收益值 CV_i 中选取最大的，从而确定行动方案。取 $\alpha=0.7$，得到表 8-5。

表 8-5

自然状态 / 行动方案	N_1（需求量大）	N_2（需求量小）	CV_i
S_1（大批量生产）	30	−6	19.2(max)
S_2（中批量生产）	20	−2	13.4
S_3（小批量生产）	10	5	8.5

五、后悔值准则(Savage 准则)

决策者从后悔的角度去考虑问题：

把在不同自然状态下的最大收益值作为理想目标，把各方案的收益值与这个最大收益值的差称为未达到理想目标的后悔值,然后从各方案最大后悔值中取最小者,从而确定行动方案。

用 a'_{ij} 表示后悔值,构造后悔值矩阵,如表 8-6 所示。

表 8-6

自然状态 / 行动方案	N_1 (需求量大)	N_2 (需求量小)	$\max a'_{ij}$ $1 \leqslant j \leqslant 2$
S_1(大批量生产)	0(30,理想值)	11[5-(-6)]	11
S_2(中批量生产)	10(30-20)	7[5-(-2)]	10(min)
S_3(小批量生产)	20(30-10)	0(5,理想值)	20

第 2 节 风险型情况下的决策

特征:(1) 自然状态已知;(2) 各方案在不同自然状态下的收益值已知;(3) 自然状态发生的概率分布已知。

一、最大可能准则

在一次或极少数几次的决策中,取概率最大的自然状态,按照确定型问题进行讨论。我们还以上述例子讨论,得到表 8-7。

表 8-7

自然状态 / 行动方案	N_1 (需求量大) $p(N_1)=0.3$	N_2 (需求量小) $p(N_2)=0.7$	概率最大的自然状态 N_2
S_1(大批量生产)	30	-6	-6
S_2(中批量生产)	20	-2	-2
S_3(小批量生产)	10	5	5(max)

二、期望值准则

根据各自然状态发生的概率,求不同方案的期望收益值,取其中最大者为选择的方案。以上述例子讨论,得到表 8-8。

$$E(S_i) = \sum P(N_j) \times \alpha(S_i, N_j)$$

表 8-8

自然状态 / 行动方案	N_1 (需求量大) $p(N_1)=0.3$	N_2 (需求量小) $p(N_2)=0.7$	$E(S_i)$
S_1(大批量生产)	30	-6	4.8
S_2(中批量生产)	20	-2	4.6
S_3(小批量生产)	10	5	6.5(max)

三、决策树法

具体步骤：

(1) 从左向右绘制决策树；

(2) 从右向左计算各方案的期望值，并将结果标在相应方案节点的上方；

(3) 选收益期望值最大(损失期望值最小)的方案为最优方案，并在其他方案分支上打"//"记号。

主要符号：

决策点□　　　　方案节点○　　　　结果节点△

按照前例，得到图 8-1，说明 S_3 是最优方案，收益期望值为 6.5。

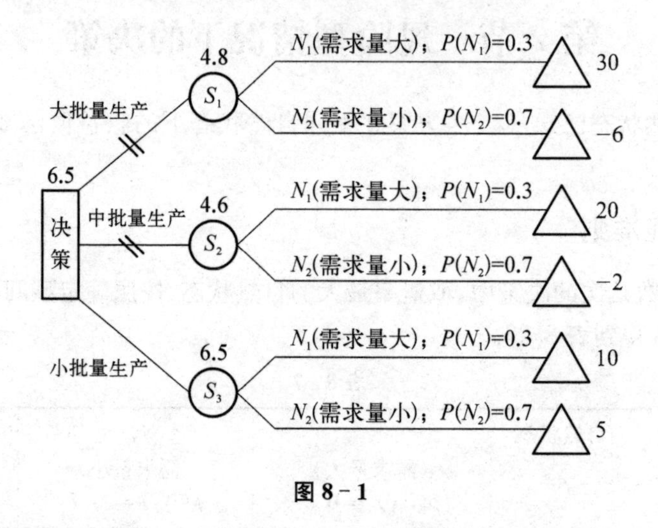

图 8-1

四、灵敏度分析

灵敏度分析是研究分析决策所用的数据在什么范围内变化时，原最优决策方案仍然有效。

按照前例，取 $P(N_1)=p$，$P(N_2)=1-p$

$$E(S_1)=p\times 30+(1-p)\times(-6)=36p-6$$
$$E(S_2)=p\times 20+(1-p)\times(-2)=22p-2$$
$$E(S_3)=p\times 10+(1-p)\times(+5)=5p+5$$

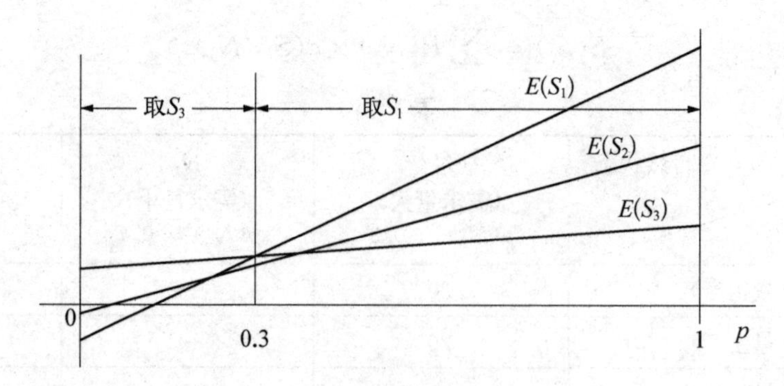

图 8-2

那么 $p = 0.3$ 为转折概率,实际的概率值距转折概率越远越稳定。

在实际工作中,如果状态概率、收益值在其可能发生变化的范围内变化时,最优方案保持不变,则这个方案是比较稳定的;反之,如果参数稍有变化,最优方案就有变化,则这个方案就是不稳定的,需要我们作进一步的分析。就自然状态 N_1 的概率而言,当其概率值越远离转折概率,则其相应的最优方案就越稳定;反之,就越不稳定。

五、全情报的价值(EVPI)

全情报:关于自然状况的确切消息。

在前例,当我们不掌握全情报时得到 S_3 是最优方案,数学期望最大值为 6.5 万元($0.3\times 10+0.7\times 5$),记为 EVWOPI。

若得到全情报:当知道自然状态为 N_1 时,决策者必采取方案 S_1,可获得收益 30 万元,概率为 0.3;当知道自然状态为 N_2 时,决策者必采取方案 S_3,可获得收益 5 万元,概率为 0.7。于是,全情报的期望收益为:

$$EVWPI = 0.3\times 30+0.7\times 5 = 12.5(\text{万元})$$

那么,
$$EVPI = EVWPI - EVWOPI = 12.5-6.5 = 6(\text{万元})$$

即这个全情报价值为 6 万元。当获得这个全情报需要的成本小于 6 万元时,决策者应该对取得全情报投资,否则不应投资。

六、具有样本情报的决策分析(贝叶斯决策)

先验概率:由过去经验或专家估计的将发生事件的概率。

后验概率:利用样本情报对先验概率修正后得到的概率。

在贝叶斯决策法中,可以根据样本情报来修正先验概率,得到后验概率。如此用决策树方法,可得到更高期望值的决策方案。

在自然状态为 N_j 的条件下咨询结果为 I_k 的条件概率,可用全概率公式计算:

$$P(I_k) = \sum_{j=1}^{m} P(I_k \mid N_j)P(N_j) \quad k = 1,\ 2,\ \cdots$$

再用贝叶斯公式计算:

$$P(N_j \mid I_k) = \frac{P(N_j \cap I_k)}{P(I_k)} \quad j = 1,\ 2,\ \cdots,\ m,\quad k = 1,\ 2$$

条件概率的定义:
$$P(B \mid A) = \frac{P(AB)}{P(A)}$$

乘法公式:
$$P(AB) = P(A)P(B \mid A)$$

[例 8-2] 某公司现有三种备选行动方案:S_1 大批量生产;S_2 中批量生产;S_3 小批量生产。未来市场对这种产品需求情况有两种可能发生的自然状态:N_1 需求量大;N_2 需求量小。且 N_1 的发生概率即 $P(N_1) = 0.3$;N_2 的发生概率即 $P(N_2) = 0.7$。经估计,采用某一行动方案而实际发生某一自然状态时,公司的收益如表 8-9 所示。

表 8-9

	N_1	N_2
S_1	30	−6
S_2	20	−2
S_3	10	5

现在该公司欲委托一家咨询公司做市场调查。咨询公司调查的结果也有两种：I_1 需求量大；I_2 需求量小。并且根据该咨询公司积累的资料统计得知，当市场需求量已知时，咨询公司调查结论的条件概率如表 8-10 所示。

表 8-10

	N_1	N_2
I_1	$P(I_1/N_1)=0.8$	$P(I_1/N_2)=0.1$
I_2	$P(I_2/N_1)=0.2$	$P(I_2/N_2)=0.9$

我们该如何用样本情报进行决策呢？如果样本情报要价 3 万元，决策是否要使用这样的情报呢？当用决策树求解该问题时，首先将该问题的决策树绘制出来，如图 8-3 所示。

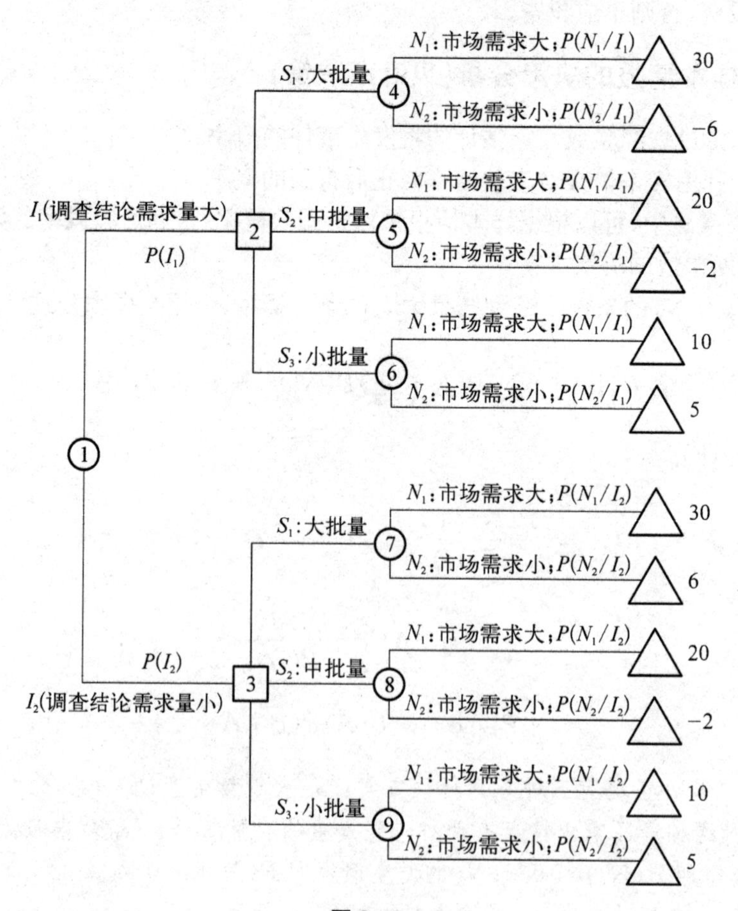

图 8-3

为了利用决策树求解，由决策树可知，我们需要知道咨询公司调查结论的概率和在咨询公司调查结论已知时，作为自然状态的市场需求量的条件概率。

首先，由全概率公式求得联合概率，如表8－11所示：

表8－11

联合概率	N_1	N_2	由全概率求得
I_1	0.24	0.07	$P(I_1)=0.31$
I_2	0.06	0.63	$P(I_2)=0.69$

然后，由条件概率公式 $P(N/I)=P(NI)/P(I)$ 求得在调查结论已知时的条件概率，如表8－12所示。

表8－12

条件概率 $P(N/I)$	N_1	N_2
I_1	0.774 2	0.225 8
I_2	0.087 0	0.913 0

最后，在决策树上计算各个节点的期望值，结果见图8－4。结论为：当调查结论表明需求量大时，采用大批量生产；当调查结论表明需求量小时，采用小批量生产。

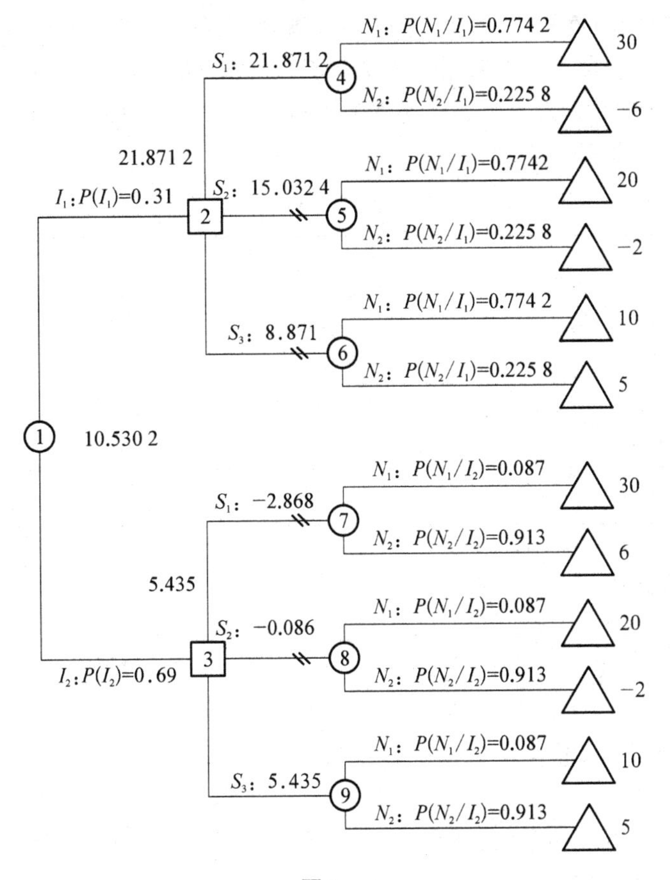

图8－4

由决策树上的计算可知，公司的期望收益可达到10.530 2万元，比不进行市场调查的公司收益6.5万元要高，其差额就是样本情报的价值，记为*EVSI*。

$$EVSI = 10.5302 - 6.5 = 4.0302(\text{万元})$$

所以，当咨询公司市场调查的要价低于4.030 2万元时，公司可考虑委托其进行市场调查，否则就不进行市场调查。在这里，因为公司要价3万元，所以应该委托其进行市场调查。

进一步，我们可以利用样本情报的价值与前面的全情报的价值(*EVPI*)的比值来定义样本情报的效率，作为样本情报的度量标准。

$$\text{样本情报效率} = EVSI/EVPI \times 100\%$$

上例中，样本情报价值的效率为4.030 2/6×100%=67.17%，也就是说，这个样本情报相当于全情报效果的67.17%。

第3节 效用理论在决策中的应用

效用：衡量决策方案的总体指标，反映决策者对决策问题各种因素的总体看法。

使用效用值进行决策：首先把要考虑的因素折合成效用值，然后在决策准则下选出效用值最大的方案，作为最优方案。

[例8-3] 求下表显示问题的最优方案(万元)：

某公司是一家小型的进出口公司，目前面临着两笔进口生意：项目A和项目B。这两笔生意都需要现金支付。鉴于公司目前的财务状况，公司至多做A、B中的一笔生意。根据以往的经验，各自然状态商品需求量大、中、小的发生概率以及在各自然状况下做项目A或项目B以及不作任何项目的收益如表8-13所示。

表8-13

行动方案 \ 自然状态	N_1 (需求量大) $p(N_1)=0.3$	N_2 (需求量中) $p(N_2)=0.5$	N_3 (需求量小) $p(N_3)=0.2$
S_1(做项目A)	60	40	−100
S_2(做项目B)	100	−40	−60
S_3(不做项目)	0	0	0

用收益期望值法：

$E(S_1) = 0.3\times 60 + 0.5\times 40 + 0.2\times(-100) = 18(\text{万元})$

$E(S_2) = 0.3\times 100 + 0.5\times(-40) + 0.2\times(-60) = -2(\text{万元})$

$E(S_3) = 0.3\times 0 + 0.5\times 0 + 0.2\times 0 = 0(\text{万元})$

得到S_1是最优方案，最高期望收益18万元。

一种考虑：

由于财务状况不佳，公司无法承受S_1中亏损100万元的风险，也无法承受S_2中亏损50万元以上的风险，结果公司选择S_3，即不做任何项目。

用效用函数解释：

把表 8-13 中的最大收益值 100 万元的效用定为 10，即 $U(100)=10$；最小收益值 -100 万元的效用定为 0，即 $U(-100)=0$。

对收益 60 万元确定其效用值：设经理认为使下两项等价的 $p=0.95$。

(1) 得到确定的收益 60 万元；

(2) 以 p 的概率得到 100 万元，以 $1-p$ 的概率损失 100 万元。

计算得：$U(60)=p\times U(100)+(1-p)\times U(-100)=0.95\times 10+0.05\times 0=9.5$。

类似地，设收益值为 40、0、-40、-60。相应等价的概率分别为 0.90、0.75、0.55、0.40，可得到各效用值：

$$U(40)=9.0;\ U(0)=7.5;\ U(-40)=5.5;\ U(-60)=4.0$$

我们用效用值计算最大期望，如表 8-14 所示。

表 8-14

自然状态 / 行动方案	N_1 (需求量大) $p(N_1)=0.3$	N_2 (需求量中) $p(N_2)=0.5$	N_3 (需求量小) $p(N_3)=0.2$	$E[U(S_i)]$
S_1(做项目 A)	9.5	9.0	0	7.35
S_2(做项目 B)	10	5.5	4.0	6.55
S_3(不做项目)	7.5	7.5	7.5	7.5(max)

一般来说，若收益期望值能合理地反映决策者的看法和偏好，可以用收益期望值进行决策；否则，需要进行效用分析。

收益期望值决策是效用期望值决策的一种特殊情况。说明如下：

以收益值作横轴，以效用值作纵轴，用 A、B 两点作一直线，其中 A 点的坐标为(最大收益值，10)，B 点的坐标为(最小收益值，0)，如果某问题所有的收益值与其对应的效用值组成的点都在此直线上，那么用这样的效用值进行期望值决策是与用收益值进行期望值决策的结果完全一样的。以上面的例子作图 8-5 如下：

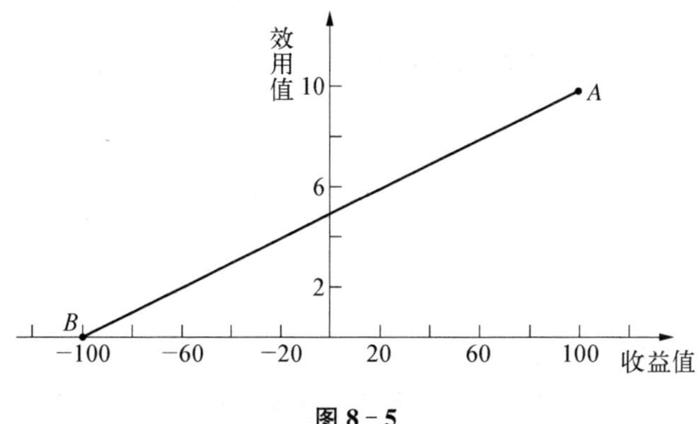

图 8-5

直线方程为：$y=5/100x+5$，于是求得：$U(-60)=2$，$U(-40)=3$，$U(0)=5$，$U(40)=7$，$U(60)=8$。用这样的效用值，进行期望值决策，如表 8-15 所示。

表 8 - 15

自然状态 / 行动方案	需求量大 $N_1(P=0.3)$	需求量大 $N_2(P=0.5)$	需求量大 $N_3(P=0.2)$	$E[U(S_i)]$
做项目 A S_1	8	7	0	5.9←max
做项目 B S_2	10	3	2	4.9
不做任何项目 S_3	5	5	5	5

回顾一下，当我们对收益值进行期望值决策时，知：$E(S_1)=18$，$E(S_2)=-2$，$E(S_3)=0$，$E[U(S_1)]=5.9$，$E[U(S_2)]=4.9$，$E[U(S_3)]=5$，实际上后面的值也是由直线方程 $E[U(S_i)]=5/100\times[E(S_i)]+5$ 决定的，即有：$E[U(S_1)]=5/100\times[E(S_1)]+5=5.9$，$E[U(S_2)]=5/100\times[E(S_2)]+5=4.9$，$E[U(S_3)]=5/100\times[E(S_3)]+5=5$。所以，用这两种方法决策是同解的。

第 4 节 层次分析法

层次分析法是由美国运筹学家 T. L. 沙旦于 20 世纪 70 年代提出的，是一种解决多目标的复杂问题的定性与定量相结合的决策分析方法。

一、问题的提出

[例 8 - 4] 一位顾客决定要购买一套新住宅，经过初步调查研究确定了三套候选的房子 A、B、C，问题是如何在这三套房子里选择一套较为满意的房子呢？

为简化问题，我们将评判房子满意程度的 10 个标准归纳为 4 个：

1. 住房的地理位置
2. 住房的交通情况
3. 住房附近的商业、卫生、教育情况
4. 住房小区的绿化、清洁、安静等自然环境
5. 建筑结构
6. 建筑材料
7. 房子布局
8. 房子设备
9. 房子面积
10. 房子每平方米建筑面积的价格

（一）房子的地理位置与交通（包括 1、2 两个标准）

（二）房子的居住环境（包括 3、4 两个标准）

（三）房子的结构、布局与设施（包括 5、6、7、8、9 五个标准）

（四）房子的每平方米建筑面积的单价（包括 10 一个标准）

二、层次结构图

该问题的层次结构如图 8-6 所示。

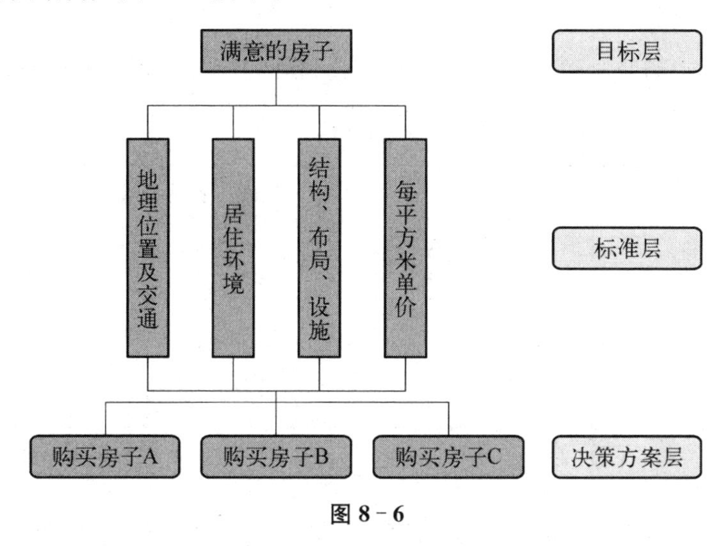

图 8-6

三、标度及两两比较矩阵

相对重要性标度：各个标准或在某一标准下各方案两两比较求得的相对权重，如表 8-16 所示。

表 8-16

标度 a_{ij}	定　　义
1	i 因素与 j 因素相同重要
3	i 因素比 j 因素略重要
5	i 因素比 j 因素较重要
7	i 因素比 j 因素非常重要
9	i 因素比 j 因素绝对重要
2，4，6，8	为以上两判断之间中间状态对应的标度值
倒　数	若 j 因素与 i 因素比较，得到的判断值为 $a_{ji}=1/a_{ij}$

由标度 a_{ij} 为元素构成的矩阵称为两两比较矩阵。如我们用单一标准“房子的地理位置及交通”来评估三个方案，由两两比较的方法得出两两比较矩阵，如表 8-17 所示。

表 8-17

	房子的地理位置及交通		
	房子 A	房子 B	房子 C
房子 A	1	2	8
房子 B	1/2	1	6
房子 C	1/8	1/6	1

四、求各因素权重的过程

求各因素权重的方法有规范列平均法、方根法、幂乘法等。这里以选择房子的决策为例介绍规范列平均法。

第一步：先求出两两比较矩阵的每一元素每一列的总和，如表 8－18 所示。

表 8－18

	地理位置及交通		
	房子 A	房子 B	房子 C
房子 A	1	2	8
房子 B	1/2	1	6
房子 C	1/8	1/6	1
列总和	13/8	19/6	15

第二步：把两两比较矩阵的每一元素除以其相对应列的总和，所得商称为标准两两比较矩阵，如表 8－19 所示。

表 8－19

	地理位置及交通		
	房子 A	房子 B	房子 C
房子 A	8/13	12/19	8/15
房子 B	4/13	6/19	6/15
房子 C	1/13	1/19	1/15

第三步：计算标准两两比较矩阵的每一行的平均值，这些平均值就是各方案在地理位置及交通方面的权重，如表 8－20 所示。

表 8－20

	地理位置及交通			
	房子 A	房子 B	房子 C	行平均值
房子 A	0.615	0.631	0.533	0.593
房子 B	0.308	0.316	0.400	0.341
房子 C	0.077	0.053	0.067	0.066

我们称[0.593，0.341，0.066]为房子选择问题中地理位置及交通方面的特征向量。

同样，我们可以求得在居住环境、房子结构布局和设施、房子每平方米单价方面的两两比较矩阵，如表 8－21 所示。

表 8-21

	居住环境			结构布局设施			每平方米单价		
	房子 A	房子 B	房子 C	房子 A	房子 B	房子 C	房子 A	房子 B	房子 C
房子 A	1	1/3	1/4	1	1/4	1/6	1	1/3	4
房子 B	3	1	1/2	4	1	1/3	3	1	7
房子 C	4	2	1	6	3	1	1/4	1/7	1

同样，我们可以从表 8-21 的两两比较矩阵求得房子 A、B、C 三个方案在居住环境、结构布局设施、每平方米单价等方面的得分(权重)，即这三个方面的特征向量，如表 8-22 所示。

表 8-22

	居住环境	结构布局设施	每平方米单价
房子 A	0.123	0.087	0.265
房子 B	0.320	0.274	0.655
房子 C	0.557	0.639	0.080

另外，我们还必须取得每个标准在总目标满意的房子中的相对重要程度，即要取得每个相对标准权重，即标准的特征向量。四个标准的两两比较矩阵如表 8-23 所示。

表 8-23

	标准			
	地理位置及交通	居住环境	结构布局设施	每平方米单价
地理位置及交通	1	2	3	2
居住环境	1/2	1	4	1/2
结构布局设施	1/3	1/2	1	1/4
每平方米单价	1/2	2	4	1

通过两两比较矩阵，我们同样可以求出标准的特征向量如下：[0.398，0.218，0.085，0.299]。即地理位置及交通相对权重为 0.398，居住环境相对权重为 0.218，结构布局设施相对权重为 0.085，每平方米单价相对权重为 0.299。

五、两两比较矩阵一致性检验

我们仍以购买房子的例子为例说明检验一致性的方法，检验表 8-17 中由“地理位置及交通”这一标准来评估房子 A、B、C 三个方案所得的两两比较矩阵。

检验一致性由五个步骤组成：

第一步：由被检验的两两比较矩阵乘以其特征向量，所得的向量称为赋权和向量，在此例中即：

$$\begin{pmatrix} 1 & 2 & 3 & 2 \\ \frac{1}{2} & 1 & 4 & \frac{1}{2} \\ \frac{1}{3} & 1 & 4 & \frac{1}{4} \\ \frac{1}{2} & 2 & 4 & 1 \end{pmatrix} \begin{pmatrix} 0.398 \\ 0.218 \\ 0.085 \\ 0.299 \end{pmatrix} = \begin{pmatrix} 1.687 \\ 0.907 \\ 0.347 \\ 1.274 \end{pmatrix}$$

第二步：每个赋权和向量的分量分别除以对应的特征向量的分量，即第 i 个赋权和向量的分量除以第 i 个特征向量的分量。本例中有：

$$\frac{1.687}{0.398}=4.236 \quad \frac{0.907}{0.218}=4.163 \quad \frac{0.347}{0.085}=4.077 \quad \frac{1.274}{0.299}=4.264$$

第三步：计算出第二步结果中的平均值，记为 CR，在本例中有：

$$CR=\frac{4.236+4.163+4.077+4.264}{4}=4.185$$

第四步：计算一致性指标 CI。n 为比较因素的数目，$CI=\frac{CR-n}{n-1}$。在本例中也就是买房子方案的数目，即为 3。在本例中，我们得到：

$$CI=\frac{4.185-4}{4-1}=0.062$$

第五步：计算一致性率 CR：

$$CR=\frac{CI}{RI}$$

在上式中，RI 是自由度指标，作为修正值，见表 8-24。

表 8-24

维数(n)	1	2	3	4	5	6	7	8	9
RI	0.00	0.00	0.58	0.96	1.12	1.24	1.32	1.41	1.45

在本例中可算得：$CR=0.01/0.58=0.017$。

一般规定当 $CR\leqslant 0.1$ 时，认为两两比较矩阵的一致性可以接受，否则就认为两两比较矩阵的一致性太差，必须重新进行两两比较判断。在本例中，$CR=0.017\leqslant 0.1$，所以“地理位置及交通”两两比较矩阵满足一致性要求，其相应求得的特征向量为有效。

同样，我们可以通过计算“居住环境”、“结构布局和设施”、“每平方米单价”以及四个标准的两两比较矩阵的一致性检验率 CI 值，可知它们都小于等于 0.1，这些比较矩阵满足一致性要求，即相应的特征向量都有效。

六、利用权数或特征向量求出各方案的优劣次序

在上面我们已经求出了四个标准的特征向量，以及在四个单一标准下的三个购房方案的特征向量，如表 8-25 所示。

表 8-25

四个标准的特征向量	单一标准下的三个购房方案的特征向量				
地理位置及交通 0.398 居住环境 0.218 结构布局设施 0.085 每平方米单价 0.299	地理位置及交通		居住环境	结构布局设施	每平方米单价
	房子 A	0.593	0.123	0.087	0.265
	房子 B	0.341	0.320	0.274	0.655
	房子 C	0.066	0.557	0.639	0.080

各方案的总得分为：

房子A方案：0.398×0.593+0.218×0.123+0.085×0.087+0.299×0.265=0.349

房子B方案：0.398×0.341+0.218×0.320+0.085×0.274+0.299×0.655=0.425

房子C方案：0.398×0.066+0.218×0.557+0.085×0.639+0.299×0.080=0.226

通过比较可知，房子B的得分(权重)最高，房子A的得分次之，而房子C的得分最少，故应该购买房子B，通过权衡知道这是最优方案。

七、层次分析法在最优生鲜农产品流通中的应用案例

1. 建立递阶层次结构

目标层：最优生鲜农产品流通模式。

准则层：方案的影响因素有：c_1 自然属性、c_2 经济价值、c_3 基础设施、c_4 政府政策。

方案层：设三个方案分别为：A_1 农产品产地—产地批发市场—销地批发市场—消费者，A_2 农产品产地—产地批发市场—销地批发市场—农贸市场—消费者，A_3 农业合作社—第三方物流企业—超市—消费者(本书假设农产品的生产地和销地不在同一个地区)，如图8-7所示。

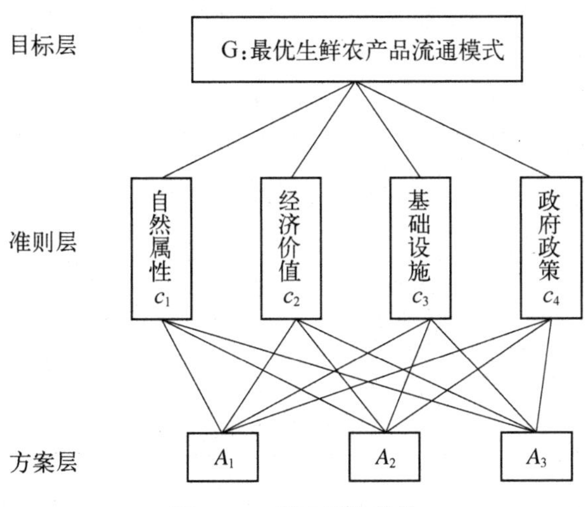

图8-7 递阶层次结构

2. 构造判断(成对比较)矩阵

所谓判断矩阵，是以矩阵的形式来表述每一层次中各要素相对其上层要素的相对重要程度。为了使各因素之间进行两两比较得到量化的判断矩阵，引入1～9的标度，如表8-26所示。

表8-26 标度值

标度 a_{ij}	定　　义
1	i 因素与 j 因素同等重要
3	i 因素比 j 因素略重要
5	i 因素比 j 因素较重要
7	i 因素比 j 因素非常重要
9	i 因素比 j 因素绝对重要
2，4，6，8	为以上判断之间的中间状态对应的标度值
倒　数	若 i 因素与 j 因素比较，得到判断值为 $a_{ji}=1/a_{ij}$，$a_{ii}=1$

四个准则下的两两比较矩阵分别如表 8 - 27、表 8 - 28、表 8 - 29、表 8 - 30 所示。

表 8 - 27

c_1	A_1	A_2	A_3
A_1	1	1/3	1/9
A_2	3	1	1/8
A_3	9	8	1

表 8 - 28

c_2	A_1	A_2	A_3
A_1	1	3	9
A_2	1/3	1	8
A_3	1/9	1/8	1

表 8 - 29

c_3	A_1	A_2	A_3
A_1	1	2	9
A_2	1/2	1	7
A_3	1/9	1/7	1

表 8 - 30

c_4	A_1	A_2	A_3
A_1	1	1/3	1/9
A_2	3	1	1/7
A_3	9	7	1

3. 层次单排序及其一致性检验

层次单排序就是把本层所有要素针对上一层某一要素，排出评比的次序，这种次序以相对的数值大小来表示。对应于判断矩阵最大特征根 $\max\lambda$ 的特征向量，经归一化(使向量中各元素之和等于 1)后记为 W。W 的元素为同一层次因素对于上一层次因素某因素相对重要性的排序权值，这一过程称为层次单排序。

能否确认层次单排序，需要进行一致性检验。所谓一致性检验，是指对 A 确定不一致的允许范围。由于 λ 连续地依赖于 a_{ij}，则 λ 比 n 大得越多，A 的不一致性越严重。用最大特征值对应的特征向量作为被比较因素对上层某因素影响程度的权向量，其不一致程度越大，引起的判断误差越大，因而可以用 $\lambda - n$ 数值的大小来衡量 A 的不一致程度。

第5节 决策论与应用决策论分析问题

一、决策论的简要介绍

决策论是根据信息和评价准则，用数量方法寻找或选取最优决策方案的科学，是运筹学的一个分支和决策分析的理论基础。在实际生活与生产中，对同一个问题所面临的几种自然情况或状态，有几种可选方案，就构成一个决策，而决策者为对付这些情况所采取的对策方案就组成决策方案或策略。

决策论是在概率论的基础上发展起来的。随着概率论的发展，早在1763年发表贝叶斯定理时起，统计判定理论就已萌芽。1815年拉普拉斯用此定理估计第二天太阳还将升起的概率，把统计判定理论推向一个新阶段。统计判定理论实际上是在风险情况下的决策理论。这些理论和对策理论概念上的结合发展成为现代的决策论。

决策论在包括安全生产在内的许多领域都有着重要应用。决策是人类社会的一项重要活动，它关系到人类生活的各个方面，是为达到某种目的而从若干问题求解方案中选出一个最优或合理方案的过程。因此，决策是人们在各项工作中的一种重要选择行为。无论是行动方案的确定还是重大发展战略的制定，无论是一个领导干部的选拔还是一种产品的研制生产，无论是一个企业的生产管理还是一个国家或地区的产业政策，都是由一系列决策活动来完成的。所以，决策的正确与否是关系到事业的成败和利益得失的大事。决策正确带来的是“一本万利”，而决策失误也是“最大的失误”。关于这一点，著名科学家、诺贝尔奖获得者 H. A. 西蒙有句名言：“管理就是决策”，决策贯穿于管理的全过程。也就是说，一切管理工作的核心就是决策。

在系统工程的工作过程中，由系统开发得到的若干解决问题的方案，经过系统建模、系统分析及系统评价等步骤，最终必须从备选方案中为决策者选出最佳的开发方案。这一程序是系统工程辩证程序中最后一个也是最重要的一个，这就是系统决策。H. A. 西蒙把决策过程同现代的管理学科、计算机技术和自动化技术结合起来，将其划分为四个重要阶段：找出制定决策的理由；找到可能的行动方案；在诸行动方案中进行抉择；对已进行的抉择进行评价。尽管不同的决策者在不同的决策场合对上述四个阶段的看法不一样，但这四个部分加在一起却构成了决策者所要做的主要工作。以上四个阶段交织在一起，就形成了决策的过程。第一阶段是调查环境，寻求决策的条件和依据，即“情报阶段”；第二个阶段是创造、制定和分析可能采取的行动方案，即“设计阶段”；第三阶段是从可以利用的备选方案中选出一个行动方案，即“抉择阶段”；第四阶段是决策的事实与评价，西蒙称其为“审查活动”，其实是对过去的抉择进行评价。

现代计算机技术、管理科学等的发展，给决策制定的过程赋予了新的内容和含义。在情报和设计阶段，主要是依靠可靠、准确、及时的基本信息，因此管理信息系统(management information system，MIS)就成为当代决策的重要技术基础；而在抉择和评价阶段的主要技术措施就是模型方法，主要是指管理科学、运筹学、系统工程中模型方法(MS/OR/SE)。将上述两部分技术集成在一起，利用先进的计算机软硬件技术，实现上述决策过程，开发成友好的人机系统，这就是决策支持系统(decision support system，DSS)。

二、决策问题的分类与分析方法

决策问题根据不同性质通常可以分为确定型、风险型（又称统计型或随机型）和不确定型三种。

1. 确定型决策

确定型决策是研究环境条件为确定情况下的决策。如某工厂每种产品的销售量已知，研究生产哪几种产品获利最大，它的结果是确定的。确定型决策问题通常存在着一个确定的自然状态和决策者希望达到的一个确定目标（收益较大或损失较小），以及可供决策者选择的多个行动方案，并且不同的决策方案可计算出确定的收益值。这种问题可以用数学规划，包括线性规划、非线性规划、动态规划等方法求得最优解。但许多决策问题不一定追求最优解，只要能达到满意解即可。

最大最大准则：决策者是一切都往最好的方面想，追求最大的收益，所以又称乐观主义准则。

2. 风险型决策

风险型决策是研究环境条件不确定，但以某种概率出现的决策。风险型决策问题通常存在着多个可以用概率事先估算出来的自然状态，及决策者的一个确定目标和多个行动方案，并且可以计算出这些方案在不同状态下的收益值。决策准则有期望收益最大准则和期望机会损失最小准则。风险情况下的决策方法通常有最大可能法、损益矩阵法和决策树法三种。最大可能法是在一组自然状态中当某个状态出现的概率比其他状态大得多，而它们相应的损益值差别又较小的情况下所采用的一种方法。此时可取具有最大概率的自然状态而不考虑其他决策，并按确定性决策问题方法进行决策。损益矩阵由不同的损益值组成。设有 n 种不同的自然状态，它们所出现的概率为 $p_1, \cdots, p_n$，又有 m 种不同的行动方案 $A_1, \cdots, A_m$，并且用第 i 种方案处理第 i 种状态所得到的损益值为 a_{ij}，则收益矩阵为 $m\times n$ 矩阵 a_{ij}，而第 i 种方案的损益期望值为 $E_i=\sum_{j=1}^{n}a_{ij}$，$i=1, \cdots, m$。比较不同方案的期望值大小可选定一个较好的行动方案。比如，若决策目标是收益最大，则求 $\max(E_i)$；若决策目标是损失最小，则求 $\min(E_i)$。决策树是按一定的决策顺序画出的树状图。以一个产品的开发为例，它有一系列的决策，如是否需要进行开发，选择什么样的生产模式和规模，确定生产费用、售价及可能的销售量等，按此种决策序可画出决策树。决策者可在决策点，如对不同的开发费用赋予相应的主观概率；并对机会点，如对未来的销量用主观概率算出不同售价下的期望效用。选取期望效用最大者为该决策点的效用值，相应的决策就是这个点的最优决策。于是，由最后一个决策点逐步逆推，直到最初的决策点，就得到在诸决策点上的一串最优决策及相应的期望效用值。

红军步兵可能在平原（S_1）、有隐蔽地方的开阔地（S_2）、丘陵（S_3）及水网地带（S_4）与蓝军坦克部队遭遇，遭遇的概率分别为 0.1，0.4，0.2，0.3。遭遇时红军使用的武器可能有 5 种组合：A_1——磁性手雷，40 火箭炮，82 无坐力炮；A_2——磁性手雷，40 火箭炮，82 无坐力炮，85 加农炮；A_3——磁性手雷，40 火箭炮，82 无坐力炮，反坦克导弹；A_4——磁性手雷，40 火箭炮，82 无坐力炮，85 加农炮，反坦克导弹；A_5——磁性手雷，40 火箭炮，82 无坐力炮，反坦克导弹，坦克。其损益值在表 8 - 31 中给出。

表 8-31

状态、概率 方案	S_1 $P=0.1$	S_2 $P=0.4$	S_3 $P=0.2$	S_4 $P=0.3$	方案损益值期望值	$D(A_i)$
A_1	0.2	0.3	0.3	0.1	0.23	0.13
A_2	0.3	0.4	0.5	0.2	0.35	0.15
A_3	0.5	0.7	0.7	0.3	0.56	0.26
A_4	0.55	0.75	0.9	0.35	0.64	0.29
A_5	0.6	0.8	0.7	0.4	0.64	0.24

期望值与下界值：$D(A_1)=0.23-0.1=0.13$，$D(A_2)=0.35-0.2=0.15$，$D(A_3)=0.56-0.3=0.26$，$D(A_4)=0.64-0.35=0.29$，$D(A_5)=0.64-0.4=0.24$。所以选择方案 A_5 为最好。

采用矩阵决策的优点是：对于复杂、计算量特别大的决策问题，比决策树法更优越；此法把决策问题化成了两个矩阵相乘，最后得到一个矩阵，从中找出最大或最小元素，这样就为利用计算机进行决策创造了有利条件。

3. 不确定型决策

不确定型决策是研究环境条件不确定，可能出现不同的情况(事件)，而情况出现的概率也无法估计的决策。这时，在特定情况下的收益是已知的，可以用收益矩阵表示。不确定型决策问题的方法有乐观法、悲观法、乐观系数法、等可能性法和后悔值法等。乐观法又称冒险主义法，是对效益矩阵先求出在每个行动方法中的各个自然状态的最大效益值，再确定这些效益值的最大值，由此确定决策方案。悲观法又称保守法，是先求出在每个方案中的各自然状态的最小效益值，再求这些效益值的最大值，由此确定决策方案。乐观系数法是乐观法乘某个乐观系数。等可能性法是在决策过程中不能肯定何种状态容易出现时都假定它们出现的概率是相等的，再按矩阵决策求。后悔值法是先求出每种自然状态在各行动方案中的最大效益值，再求出未达到理想目标的后悔值，由此一步步确定决策方案。

借助控制论方法，组织环境可用状态变量来表征。要描述组织环境不确定性，最自然的方法是采用概率论和数理统计学中的随机变量。然而，组织环境不确定性有多种来源(如动态性、竞争性等)并呈现出多种性态，对各种不确定性进行一一考察是非常困难的，有待进一步研究。目前，我们采用一种整合的观点，仅用一个随机变量 H 来描述不确定性环境，它代表环境状态变量的聚集。由于组织决策本质上是分布式决策，决策问题在决策单元之间是分布的，各单元具有不同的决策任务，所以只能观察到部分环境，这意味着组织状态变量在决策单元之间也是分布的，即有 $H=(H_1, H_2, \cdots, H_n)$。$H_i$ 代表单元 i 观察到的环境，$n\geqslant 2$ 为决策单元数。

对于决策任务，在信息、能量与行动方案之间存在着某种关联。对于一定的任务，一个人拥有的信息越多，他完成该任务所消耗的能量就越少，即信息与能量之间存在着可以相互取代的双曲线形状的统计规律。特别地，若信息量一定，完成该任务的不同行动方案将消耗不同的能量，而消耗最少能量的方案就是最佳方案，可以认为能量是行动的拟二次函数。在经典决策理论中，采用损失函数(或收益函数)作为目标函数，显然能量消耗与决策损失对于决策偏好评估具有相同的意义。基于以上认识，组织决策问题从数学上可描述为 d_i 中包含单元 i 通过观察从环境获取的信息，以及通过信息交流从其他单元获取的信息。对于一定的决策信息 $d = [d_1, d_2, \cdots, d_n]$，组织选择最佳的行动。由于系统工程所面临的问题往往是多因素、多动态、复杂、系统的开发和规则问题，所以与其他决策问题相比，系统决策问题有其鲜明特色，如系统决策经常是多目标决策，一般需要采用定性和定量决策相结合的方法。但需要注意到，系统决策过程中不能机械地运用这些方法，必须根据系统决策的特殊性，充分发挥系统工程的集体智慧和创造力，依靠领导者的密切配合，才能较好地完成决策任务。

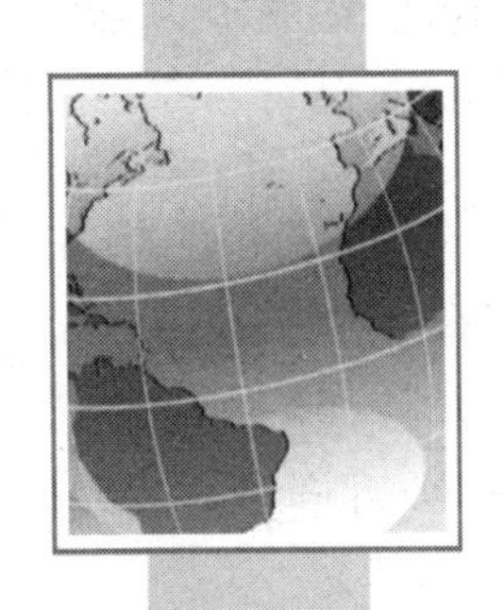

第9章 运筹学其他典型问题

第1节 运筹学历史经典案例

一、鲍德西(Bawdsey)雷达站的研究

20世纪30年代,德国内部民族沙文主义及纳粹主义日渐抬头。以希特勒为首的纳粹势力夺取了政权,开始为以战争扩充版图、以武力称霸世界的构想做战争准备。欧洲上空战云密布。英国海军大臣丘吉尔反对主政者的"绥靖"政策,认为英德之战不可避免,而且已日益临近。他在自己的权力范围内做着迎战德国的准备,其中最重要、最有成效之一者是英国的本土防空准备。1935年,英国科学家沃森-瓦特(R. Watson-Wart)发明了雷达。丘吉尔敏锐地认识到它的重要意义,并下令在英国东海岸的Bawdsey建立了一个秘密的雷达站。当时,德国已拥有一支强大的空军,起飞17分钟即可到达英国。在如此短的时间内,如何预警及做好拦截,甚至在本土之外或海上拦截德机,就成为一大难题。雷达技术帮助了英国,即使在当时的演习中已经可以探测到160公里之外的飞机,但空防中仍有许多漏洞。1939年,由曼彻斯特大学物理学家、英国战斗机司令部科学顾问、战后获诺贝尔奖奖金的P. M. S. Blachett为首,组织了一个小组,代号为"Blachett马戏团",专门就改进空防系统进行研究。

这个小组包括3名心理学家、2名数学家、2名应用数学家、1名天文物理学家、1名普通物理学家、1名海军军官、1名陆军军官及1名测量人员。研究的问题是:设计将雷达信息传送给指挥系统及武器系统的最佳方式;雷达与防空武器的最佳配置;探测、信息传递、作战指挥、战斗机与防空火力的协调。他们对此做了系统的研究,并获得了成功,从而大大提高了英国本土防空能力,在此后不久对抗德国对英伦三岛的狂轰滥炸中,发挥了极大的作用。二战史专家评论说,如果没有这项技术及研究,英国就不可能赢得这场战争,甚至在一开始就会被击败。

"Blackett马戏团"是世界上第一个运筹学小组。在他们就此项研究所写的秘密报告中,使用了"Operational Research"一词,意指"作战研究"或"运用研究",也就是我们所说的运筹学。Bawdsey 雷达站的研究是运筹学的发轫与典范。项目的巨大实际价值、明确的目标、整体化的思想、数量化的分析、多学科的协同、最优化的结果，以及简明朴素的表述，都展示了运筹学的本色与特色，使人难以忘怀。

二、Blackett 备忘录

1941 年 12 月，Blackett 以其巨大的声望，应盟国政府的要求，写了一份题为“Scientists at the Operational Level”（作战位置上的科学家）的简短备忘录，建议在各大指挥部建立运筹学小组，这个建议迅速被采纳。据不完全统计，第二次世界大战期间，仅在英国、美国和加拿大，参加运筹学工作的科学家就超过 700 名。

1943 年 5 月，Blackett 写了第二份备忘录，题为“关于运筹学方法论某些方面的说明”。他写道：“运筹学的一个明显特性，正如目前所实践的那样，是它具有或应该有强烈的实际性质。它的目的是帮助找出一些方法，以改进正在进行中的或计划在未来进行的作战的效率。为了达到这一目的，要研究过去的作战来明确事实，要得出一些理论来解释事实，最后，利用这些事实和理论对未来的作战作出预测。”这些运筹学的早期思想至今仍然有效。

三、大西洋反潜战

美国投入第二次世界大战后，吸收了大量科学家协助作战指挥。1942 年，美国大西洋舰队反潜战官员 W. D. Baker 舰长请求成立反潜战运筹组，麻省理工学院的物理学家 P. W. Morse 被请来担任计划与监督。

Morse 最出色的工作之一，是协助英国打破了德国对英吉利海峡的海上封锁。1941～1942 年，德国潜艇严密封锁了英吉利海峡，企图切断英国的“生命线”。英国海军数次反封锁，均不成功。应英国的要求，美国派 Morse 率领一个小组去协助。Morse 小组经过多方实地调查，最后提出了两条重要建议：

(1) 将反潜攻击由反潜舰艇投掷水雷改为飞机投掷深水炸弹；起爆深度由 100 米左右改为 25 米左右，即当德方潜艇刚下潜时攻击效果最佳。

(2) 运送物资的船队及护航舰艇编队，由小规模、多批次改为加大规模、减少批次，这样损失率将减少。

丘吉尔采纳了 Morse 的建议，最终成功地打破了德国的封锁，并重创了德国潜艇部队。由于这项工作，Morse 同时获得了英国及美国战时的最高勋章。

四、英国战斗机中队援法决策

第二次世界大战开始后不久，德国军队突破了法国的马奇诺防线，法军节节败退。英国为了对抗德国，派遣了十几个战斗机中队，在法国国土上空与德国空军作战，且指挥、维护均在法国进行。由于战斗损失，法国总理请求增援 10 个中队。已出任英国首相的丘吉尔决定同意这个请求。

英国运筹人员得悉此事后，进行了一项快速研究，其结果表明：在当时的环境下，当损失率、补充率为现行水平时，仅再进行两周左右，英国的援法战斗机就连一架也不存在了。这些运筹学家以简明的图表、明确的分析结果说服了丘吉尔。丘吉尔最终决定：不仅不再增派新的战斗机中队，而且还将在法的大部分英国战机撤回英国本土，以本土为基地，继续对抗德国。局面因此大为改观。

在第二次世界大战中，定量化、系统化的方法迅速发展，且很有特点。由上面几个例子，可以看出这一时期军事运筹的特点：① 真实的实际数据；② 多学科密切协作；③ 解决方法渗透着物理学思想。

五、经济与管理中的几项成果

1. Erlong与排队论

19世纪后半期，电话问世并随即建立了为用户服务的电话通信网。

在电话网服务中，基本问题之一是：根据业务量适当配置电话设备，既不要使用户因容量小而过长等待，又不要使电话公司设备投入过大而造成空闲。这是一个需定量分析才有可能解决的问题。

1909～1920年间，丹麦哥本哈根电话公司工程师A. K. Erlong陆续发表了关于电话通路数量等方面的分析与计算公式。尤其是其1909年的论文“概率与电话通话理论”，创立了排队论——随机运筹学的一个重要分支。他的工作虽属排队论最早期成果的范畴，但方法论正确得当，引用了概率论的数学工具做定量描述与分析，并具有系统论的思想，即从整体性来寻求系统的优化。

据不完整的综述，截至1960年，在排队论的486篇应用研究报告中，电信系统有222篇，运输系统有125篇。在其他领域中则初步显示了一个潜在应用领域——计算机系统。

2. von Neumann和对策论

从20世纪20年代开始，冯·诺依曼即开始了对经济的研究，做了许多开创性工作。如大约在1939年，他提出的一个属于宏观经济优化的控制论模型，成为数量经济学的一个经典模型。

冯·诺依曼是近代对策论研究的创始人之一。1944年，他与摩根斯特恩的名著——《对策论与经济行为》一书出版。书中将经济活动中的冲突作为一种可以量化的问题来处理。在经济活动中，冲突、协调与平衡分析问题比比皆是。冯·诺依曼分析了这类问题的特征，解决了一些基本问题，如“二人零和对策”中的最大—最小方法等。第二次世界大战期间，对策论的思想与方法受到军方重视，并开始用于对战略概念进行分析和研究，在军事运筹领域占有重要位置。

还应指出，尽管冯·诺依曼不幸过早去世(1957年)，但他对运筹学的贡献还有很多。他领导研制的电子计算机成为运筹学的技术实现支柱之一。他慧眼识人才，对丹兹格(Dantzig)从事的以单纯形法为核心的线性规划研究，最早给予肯定与扶持，使运筹学中这个最重要的分支在第二次世界大战后不久即脱颖而出。丹兹格当时年龄还不到30岁！

3. KantoroVich与“生产组织与计划中的数学方法”

康托洛维奇(KantoroVich)是苏联著名的数理经济专家。20世纪30年代，他从事生产组织与管理中的定量化方法研究，取得了很多重要成果，如运输调度优化、合理下料研究等。运筹学中著名的运输问题，其求解方法就以他来命名(康托洛维奇—希奇柯克算法)。1939年，他出版了名著《生产组织和计划中的数学方法》，堪称运筹学的先驱著作。其思想与模型均可归入线性规划的范畴，尽管当时还未能建立方法论与理论体系，但仍具有很大的开创性，因为它比丹兹格建立的线性规划几乎早了十年。

康托洛维奇的这些工作在当时的苏联被忽视了，但在国际上却获得了很高的评价。1975年，他与T. C.库普曼斯一起获得了诺贝尔经济学奖。

4. **运筹学分支的重大理论成果**

由运筹学作为一门学科开始到20世纪60年代，在近三十年的发展中，出现了多方面的理论成果。其中相当部分属于理论奠基或重大突破。现将这些事件列出如下：

1947年，Dantzig提出单纯形法；

1950～1956年，线性规划的对偶理论建立；

1960年，Dantzig-Wolfe建立大规模线性规划的分解算法；

1951年，Kuhn-Tucker定理奠定了非线性规划理论基础；

1954年，网络流理论建立；

1955年，创立随机规划；

1958年，求解整数规划的割平面法问世；

1958年，求解动态规划的Bellman原理发表。

即使这个罗列很不完整，但足以看出20世纪50年代是运筹学理论体系创立与形成的重要十年，令运筹学工作者感到欢欣鼓舞。

第2节　运筹学典型问题

一、最短路径问题

（一）动态规划基本介绍

引入最短路径问题：现有一张地图，各节点代表城市，两节点间的连线代表道路，线上数字表示城市间的距离，如图9-1所示。试找出从节点A到节点E的最短距离。

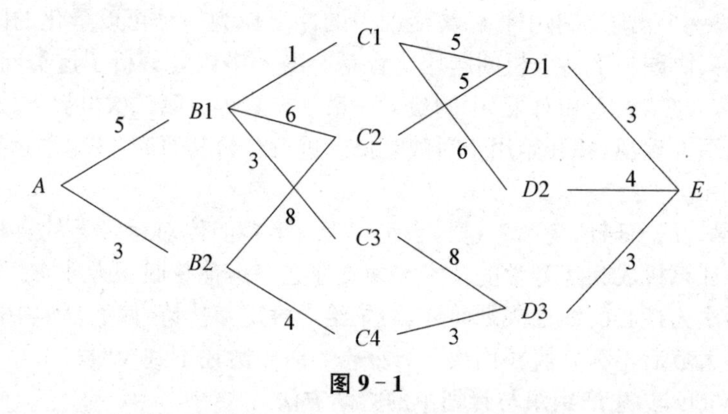

图9-1

对这个问题最常用的就是穷举法，类似于遍历法或搜索法。其主要特点是以起始点为中心向外层层扩展，直到扩展到终点为止。这种方法能得出最短路径的最优解，但由于它遍历计算的节点很多，所以效率很低。我们可以看到，每次除了已经访问过的城市外，其他城市都要访问，所以时间复杂度为$O(n!)$，这是一个"指数级"的算法。在求从$B1$到E的最短距离的时候，先求出从$C2$到E的最短距离；而在求从$B2$到E的最短距离的时候，又求了一遍从$C2$到E的最短距离。也就是说，从$C2$到E的最短距离我们求了两遍。如果在求解的过程中，同时将求得的最短距离"记录在案"，随时调用，就可以避免这种情况。

于是，可以改进该算法，将每次求出的从任意一点V到E的最短距离记录下来，在算法中递归地求 MinDistance(v)时先检查以前是否已经求过了，如果求过了，则不用重新求一遍，只要查找以前的记录就可以了。这样，由于所有的点有 n 个，因此不同的状态数目有 n 个，该算法的数量级为 $O(n)$。更进一步，可以将这种递归改为递推，这样可以减少递归调用的开销。

动态规划介绍：动态规划(dynamic programming)是运筹学的一个分支，是求解决策过程最优化的数学方法。20 世纪 50 年代初，美国数学家 R. E. 贝尔曼等人在研究多阶段决策过程的优化问题时，提出了著名的最优化原理，把多阶段过程转化为一系列单阶段问题，逐个求解，创立了解决这类过程优化问题的新方法——动态规划。

(二) 动态规划模型的基本要素

1. 阶段

阶段(step)是对整个过程的自然划分。通常根据时间顺序或空间特征来划分阶段，以便按阶段的次序来解优化问题。

2. 状态

状态(state)表示每个阶段开始时过程所处的自然状况。它应该能够描述过程的特征并且具有无后向性。

3. 决策

当一个阶段的状态确定后，可以作出各种选择从而演变到下一阶段的某个状态，这种选择手段称为决策(decision)，在最优控制问题中也称为控制(control)。

4. 策略

决策组成的序列称为策略(policy)。比如，由初始状态 x_1 开始的全过程的策略记作 $p_{1n}(x_1)$，即 $p_{1n}(x_1) = \{u_1(x_1), u_2(x_2), \cdots, u_n(x_n)\}$。

5. 状态转移方程

在确定性过程中，一旦某阶段的状态和决策为已知，下阶段的状态便完全确定。用状态转移方程表示这种演变规律，写作 $X_{k+1} = T_k(X_k, U_k(X_k))$，$k = 0, 1, 2, \cdots, n$。

6. 指标函数和最优值函数

指标函数是衡量过程优劣的数量指标，它是关于策略的数量函数，从阶段 k 到阶段 n 的指标函数用 $V_{kn}(x_k, p_{kn}(x_k))$ 表示，$k = 1, 2, \cdots, n$。

7. 最优策略和最优轨线

使指标函数 V_{kn} 达到最优值的策略是从 k 开始的后部子过程的最优策略，记作 $p_{kn}^* = \{u_k^*, \cdots, u_n^*\}$，$p_{1n}^*$，又是全过程的最优策略，简称最优策略(optimal policy)。从初始状态 $x_1(=x_1^*)$ 出发，过程按照 p_{1n}^* 和状态转移方程演变所经历的状态序列 $\{x_1^*, x_2^*, \cdots, x_{n+1}^*\}$ 称为最优轨线(optimal trajectory)。

动态规划的基本思想是：动态规划的实质是分治思想和解决冗余，因此，动态规划是一种将问题实例分解为更小的、相似的子问题，并存储子问题的解而避免计算重复的子问题，以解决最优化问题的算法策略。而且，动态规划实质上是一种以空间换时间的技术，即舍空间而取时间。它在实现的过程中，不得不存储产生过程中的各种状态，所以它的空间复杂度要大于其他的算法。

由此可知，动态规划法与分治法和贪心法类似，它们都是将问题实例归纳为更小的、相似的子问题，并通过求解子问题产生一个全局最优解。其中，贪心法的当前选择可能要依赖已经作出的所有选择,但不依赖于有待于做出的选择和子问题,因此贪心法自顶向下,一步一步地作出贪心选择;而分治法中的各个子问题是独立的(即不包含公共的子子问题),因此一旦递归地求出各子问题的解后,便可自下而上地将子问题的解合并成问题的解。

二、背包问题

该问题是这样的:一个旅行者有一个最多能装 M 千克的背包,现在有 N 件物品,它们的重量分别是 $W_1, W_2, \cdots, W_n$,它们的价值分别为 $P_1, P_2, \cdots, P_n$。若每种物品只有一件,求旅行者能获得的最大总价值。

分析:应用动态规划解题的基本思路,这是最基础的背包问题。其特点是:每种物品仅有一件,可以选择放或不放。用子问题定义状态:即 $f[v]$表示前 i 件物品恰放入一个容量为 v 的背包可以获得的最大价值。则其状态转移方程便是:$f[v]=\max\{f[v],f[v-c]+w\}$。

这个方程非常重要,基本上所有与背包相关的问题的方程都是由它衍生出来的。所以有必要将它详细解释一下:"将前 i 件物品放入容量为 v 的背包中"这个子问题,若只考虑第 i 件物品的策略(放或不放),那么就可以转化为一个只牵扯前 $i-1$ 件物品的问题。如果不放第 i 件物品,那么问题就转化为"前 $i-1$ 件物品放入容量为 v 的背包中";如果放第 i 件物品,那么问题就转化为"前 $i-1$ 件物品放入剩下的容量为 $v-c$ 的背包中",此时能获得的最大价值就是 $f[v-c]$加上通过放入第 i 件物品获得的价值 w。

最佳装载是指所装入的物品价值最高,即 $p_1 \cdot x_1+p_2 \cdot x_2+\cdots+p_i \cdot x_i$(其 $1\leqslant i\leqslant n$,x 取 0 或 1,取 1 表示选取物品 i)取得最大值。在该问题中需要决定 $x_1, \cdots, x_n$ 的值。假设按 $i=1, 2, \cdots, n$ 的次序来确定 x_i 的值。如果置 $x_1=0$,则问题转变为相对于其余物品(即物品 2, 3, $\cdots$, n),背包容量仍为 c 的背包问题。若置 $x_1=1$,问题就变为关于最大背包容量为 $c-w_1$ 的问题。现设 $R\{c,c-w_1\}$为剩余的背包容量。在第一次决策之后,剩下的问题便是考虑背包容量为 r 时的决策。不管 x_1 是 0 或是 1,$[x_2, \cdots, x_n]$必须是第一次决策之后的一个最优方案;如果不是,则会有一个更好的方案。

三、排队论问题

日常生活中存在大量有形和无形的排队或拥挤现象,如旅客购票排队、市内电话占线等。排队论的基本思想是 1910 年丹麦电话工程师 A. K. 埃尔朗在解决自动电话统计问题时开始形成的,当时称为话务理论。埃尔朗在热力学统计平衡理论的启发下,成功地建立了电话统计平衡模型,并由此得到一组递推状态方程,从而导出著名的埃尔朗电话损失率公式。

自 20 世纪初以来,电话系统的设计一直在应用这个公式。30 年代苏联数学家 **A. Я.** 欣钦把处于统计平衡的电话呼叫流称为最简单流。瑞典数学家巴尔姆又引入有限后效流等概念和定义。他们用数学方法深入地分析了电话呼叫的本征特性,促进了排队论的研究。50 年代初,美国数学家关于生灭过程的研究、英国数学家 D. G. 肯德尔提出嵌入马尔科夫链理论,以及对排队队形的分类方法,为排队论奠定了理论基础。在这之后,L. 塔卡奇等人又将组合方法引进排队论,使它更能适应各种类型的排队问题。70 年代以来,人们开始研究排队网络和复杂排队问题的渐近解等,成为研究现代排队论的新趋势。

1. 排队系统模型的基本组成部分

排队系统又称服务系统。服务系统由服务机构和服务对象(顾客)构成。服务对象到来的时刻和对他服务的时间(即占用服务系统的时间)都是随机的。图 9-2 为一最简单的排队系统模型。排队系统包括三个组成部分：输入过程、排队规则和服务机构。

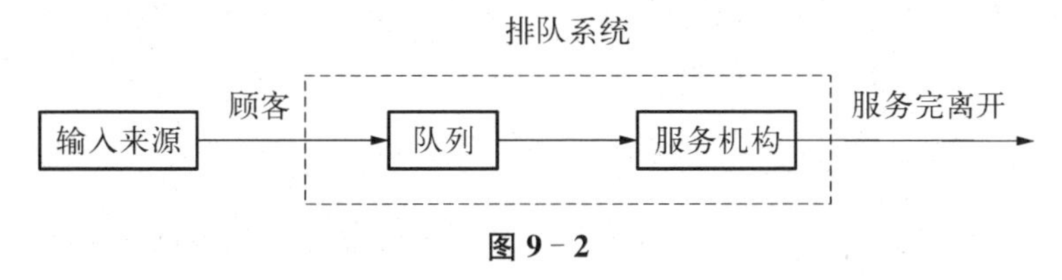

图 9-2

(1) 输入过程。

输入过程考察的是顾客到达服务系统的规律。它可以用一定时间内顾客到达数或前后两个顾客相继到达的间隔时间来描述，一般分为确定型和随机型两种。例如，在生产线上加工的零件按规定的间隔时间依次到达加工地点，定期运行的班车、班机等都属于确定型输入。随机型的输入是指在时间 t 内顾客到达数 $n(t)$ 服从一定的随机分布。如服从泊松分布，则在时间 t 内到达 n 个顾客的概率为：

$$P_n(t) = \frac{e^{-\lambda t}(\lambda t)^n}{n!} \quad (n = 0,\ 1,\ 2,\ \cdots,\ N)$$

或相继到达的顾客的间隔时间 T 服从负指数分布，即

$$P(T \leqslant t) = 1 - e^{-\lambda t}$$

式中，λ 为单位时间顾客期望到达数，称为平均到达率；$1/\lambda$ 为平均间隔时间。在排队论中，讨论的输入过程主要是随机型的。

(2) 排队规则。

排队规则分为等待制、损失制和混合制三种。当顾客到达时，所有服务机构都被占用，则顾客排队等候，即为等待制。在等待制中，为顾客进行服务的次序可以是先到先服务，或后到先服务，或是随机服务和有优先权服务(如医院接待急救病人)。如果顾客来到后看到服务机构没有空闲立即离去，则为损失制。有些系统因留给顾客排队等待的空间有限，因此超过所能容纳人数的顾客必须离开系统，这种排队规则就是混合制。

(3) 服务机构。

服务机构可以是一个或多个服务台。多个服务台可以是平行排列的，也可以是串联排列的。服务时间一般也分成确定型和随机型两种。例如，自动冲洗汽车的装置对每辆汽车冲洗(服务)时间是相同的，因而是确定型的。而随机型服务时间 v 则服从一定的随机分布。如果服从负指数分布，则其分布函数为：

$$P(v \leqslant t) = 1 - e^{-\mu t} \quad (t \geqslant 0)$$

式中，μ 为平均服务率，$1/\mu$ 为平均服务时间。

2. 排队系统的分类

如果按照排队系统三个组成部分的特征的各种可能情形来分类，则排队系统可分成无穷多种类型。因此，只能按主要特征进行分类，一般是以相继顾客到达系统的间隔时间分布、服务时间的分布和服务台数目为分类标志。现代常用的分类方法是英国数学家 D. G. 肯德尔提出的分类方法，即用肯德尔记号 $X/Y/Z$ 进行分类。

X 处填写相继到达间隔时间的分布；

Y 处填写服务时间分布；

Z 处填写并列的服务台数目。

各种分布符号有：M——负指数分布；D——确定型；E_k——k 阶埃尔朗分布；G_I——一般相互独立分布；G——一般随机分布等。这里 k 阶埃尔朗分布是指 $\{x_i\}$ $(i=1, 2, \cdots, k)$ 为相互独立且服从相同指数分布的随机变量时，$\sum_{i=1}^{k} x_i$ 服从自由度为 $2k$ 的 χ^2 分布。例如，M/M/1 表示顾客相继到达的间隔时间为负指数分布、服务时间为负指数分布和单个服务台的模型。D/M/C 表示顾客按确定的间隔时间到达、服务时间为负指数分布和 C 个服务台的模型。至于其他一些特征，如顾客为无限源或有限源等，可在基本分类的基础上另加说明。

3. 排队系统问题的求解

研究排队系统问题的主要目的是研究其运行效率，考核服务质量，以便据此提出改进措施。通常评价排队系统优劣有 6 项数量指标。

(1) 系统负荷水平 ρ：它是衡量服务台在承担服务和满足需要方面能力的尺度。

(2) 系统空闲概率 P_0：系统处于没有顾客来到要求服务的概率。

(3) 队长：系统中排队等待服务和正在服务的顾客总数，其平均值记为 L_s。

(4) 队列长：系统中排队等待服务的顾客数，其平均值记为 L_g。

(5) 逗留时间：一个顾客在系统中停留的时间，包括等待时间和服务时间，其平均值记为 W_s。

(6) 等待时间：一个顾客在系统中排队等待的时间，其平均值记为 W_g。M/M/1 排队系统是一种最简单的排队系统。系统的各项指标可由图 9-3 中状态转移速度推算出来(见表 9-1)。其他类型的排队系统的各种指标计算公式则复杂得多，可专门列出计算公式图表备查。现已开始应用计算机仿真来求解排队系统问题。

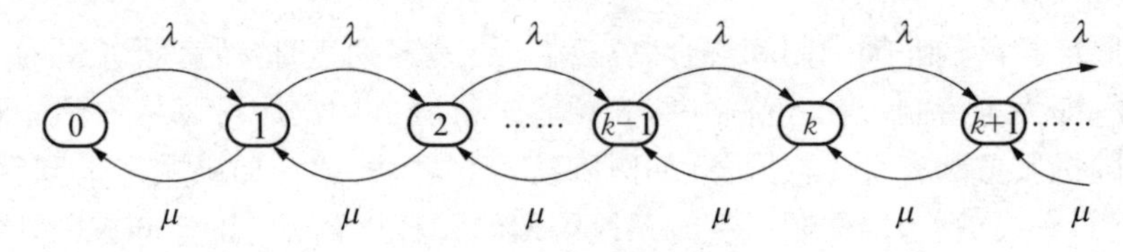

图 9-3 状态转移速度

表 9-1 M/M/1 排队系统的指标

指　标	ρ	P_0	L_s	L_g	W_s	W_g
计算公式	$\frac{\lambda}{\mu}$	$1-\frac{\lambda}{\mu}$	$\frac{\lambda}{\mu-\lambda}$	$\frac{\lambda^2}{\mu-\lambda}$	$\frac{1}{\mu-\lambda}$	$\frac{\lambda}{\mu(\mu-\lambda)}$

4. 排队论的应用

排队论已广泛应用于交通系统、港口泊位设计、机器维修、库存控制和其他服务系统。表 9-2 中列出了排队论的应用。

表 9-2 排队论应用举例

内部服务系统			商业服务系统		
系统类型	到达的顾客	服务机构	系统类型	到达的顾客	服务机构
秘书服务	雇员	秘书	理发店	人	理发师
复印服务	雇员	复印机	银行出纳服务	人	出纳

续　表

内部服务系统			商业服务系统		
系统类型	到达的顾客	服务机构	系统类型	到达的顾客	服务机构
计算机编程服务	雇员	程序员	ATM 机服务	人	ATM 机
大型计算机	雇员	计算机	商店收银台	人	收银员
急救中心	雇员	护士	管道服务	阻塞的管道	管道工
传真服务	雇员	传真机	电影院售票窗口	人	售票员
物料处理系统	货物	物料处理单元	机场检票处	人	航空公司代理人
维护系统	设备	维修工人	经纪人服务	人	股票经纪人
质检站	物件	质检员			

四、邮递员问题、一笔画问题

邮递员问题,用图的语言来描述,就是给定一个连通图 G,在每条边上有一个非负的权,要寻求一个圈,经过 G 的每条边至少一次,并且圈的权数最小。由于这个问题是由我国管梅谷同志于 1962 年首先提出来的,因此国际上常称它为中国邮递员问题。

一笔画问题,也称为遍历问题,是很有实际意义的。设有一个连通多重图 G,如果在 G 中存在一条链,经过 G 的每条边一次且仅一次,那么这条链称作欧拉链。如在 G 中存在一个简单圈,经过 G 的每条边一次,那么这个圈称作欧拉圈。一个图如果有欧拉圈,那么这个图称作欧拉图。很明显,一个图 G 如果能够一笔画出,那么这个图一定是欧拉图或者含有欧拉链。

比如前面提到的哥尼斯堡七桥问题,欧拉把它抽象成具有四个顶点,并且都是奇点的图 9－4 的形状。很明显,一个漫步者无论如何也不可能重复地走完七座桥,并最终回到原出发地。

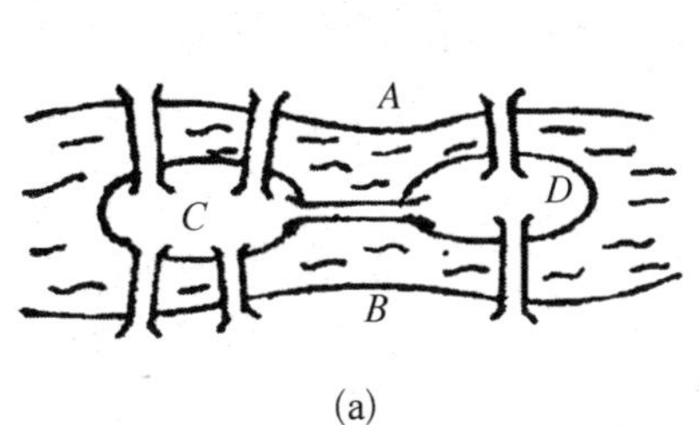

(a)

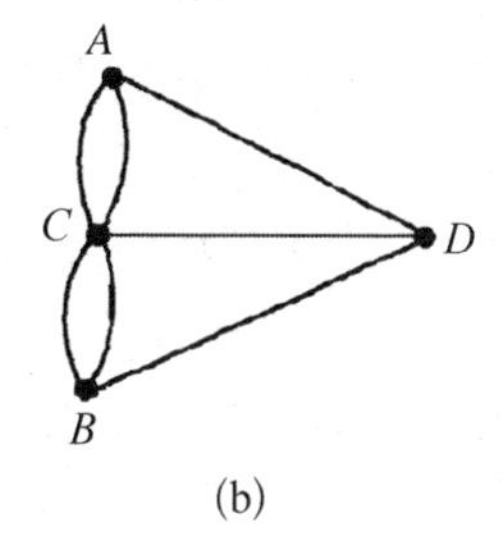

(b)

图 9－4

从一笔画问题的讨论可知,一个邮递员在他所负责投递的街道范围内,如果街道构成的图中没有奇点,那么他就可以从邮局出发,经过每条街道一次,且仅一次,并最终回到原出发地。

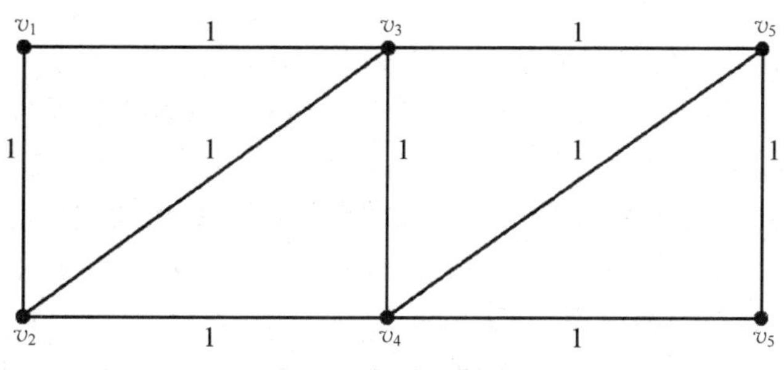

图 9－5　邮递员街道图

但是,如果街道构成的图中有奇点,他就必然要在某些街道重复走几次。

例如,在图9-5表示的街道中,v_1表示邮局所在地,每条街道的长度是1,邮递员可以按照以下的路线行走:

$$v_1 — v_2 — v_4 — v_3 — v_2 — v_4 — v_6 — v_5 — v_4 — v_6 — v_5 — v_3 — v_1$$

总长是12。

也可以按照另一条路线走:

$$v_1 — v_2 — v_3 — v_2 — v_4 — v_5 — v_6 — v_4 — v_3 — v_5 — v_3 — v_1$$

总长是11。

按照第1条路线走,在边$[v_2, v_4]$,$[v_4, v_6]$,$[v_6, v_5]$上各走了两次;按照第2条路线走,在边$[v_3, v_2]$,$[v_3, v_5]$上各走了两次。

在连通图G中,如果在边$[v_i, v_j]$上重复走几次,那么就在点v_i, v_j之间增加了几条相应的边,每条边的权和原来的权相等,并把新增加的边称作重复边。显然,这条路线构成新图中的欧拉圈。并且,邮递员的两条边走路线总路程的差等于新增加重复边总权的差。中国邮递员问题也可以表示为:在一个有奇点的连通图中,要求增加一些重复边,使得新的连通图不含有奇点,并且增加的重复边总权最小。我们把增加重复边后不含奇点的新的连通图称作邮递路线,而总权最小的邮递路线称作最优邮递路线。

五、层次分析法

层次分析法(Analytical Hierarchy Process, AHP)是美国匹兹堡大学教授A. L. Saaty于20世纪70年代提出的一种系统分析方法。由于研究工作的需要,Saaty教授开发了一种综合定性与定量分析,模拟人的决策思维过程,以解决多因素复杂系统,特别是难以定量描述的社会系统的分析方法。1977年举行的第一届国际数学建模会议上,Saaty教授发表了《无结构决策问题的建模——层次分析法》。从此,AHP开始引起了人们的注意,并陆续得到应用。1980年,Saaty教授出版了有关AHP的论著。近年来,世界上有许多著名学者在AHP的理论研究和实际应用上做了大量的工作。

1982年11月,我国召开的能源、资源、环境学术会议上,美国Moorhead大学能源研究所所长Nezhed教授首次向我国学者介绍了AHP方法。其后,天津大学许树柏等发表了我国第一篇介绍AHP的论文。随后,AHP的理论研究和实际应用在我国迅速开展。1988年9月,在天津召开了国际AHP学术讨论会,Saaty教授等国外学者和国内许多学者一起讨论了AHP的理论和应用问题。目前,AHP应用在能源政策分析、产业结构研究、科技成果评价、发展战略规划、人才考核评价,以及发展目标分析等许多领域都取得了令人满意的成果。

AHP是一种将定性分析与定量分析相结合的系统分析方法。在进行系统分析时,经常会碰到这样的一类问题:有些问题难以甚至根本不可能建立数学模型进行定量分析;也可能由于时间紧,对有些问题还来不及进行过细的定量分析,只需作出初步的选择和大致的判定就行。例如,选择一个新厂的厂址,购买一台重要的设备,确定到哪里去旅游等。这时,我们若应用AHP进行分析,就可以简便而且快速地解决问题。AHP是分析多目标、多准则的复杂大系统的有力工具。它具有思路清晰、方法简单、适用面广、系统性强等特点,便于普及推广,可成为人们工作中思考问题、解决问题的一种方法。将AHP引入决策,是决策科学化的一大进步。它最适宜于解决难以完全用定量方法进行分析的决策问题。因此，它是复杂的社会经济系统实现科学决策的有力工具。

1. AHP的基本原理

为了说明AHP的基本原理，首先让我们分析下面的简单事实：假定我们已知 n 个西瓜的总重量为1，每个西瓜的重量为 $W_1, W_2, W_3, \cdots, W_n$。问每个西瓜相对于其他西瓜的相对重量是多重？

可通过两两比较（相除），得到比较矩阵（以后称之为判断矩阵）：

$$A = \begin{matrix} \omega_1 \\ \omega_2 \\ \vdots \\ \omega_n \end{matrix} \begin{pmatrix} \omega_1/\omega_1 & \omega_1/\omega_2 & \cdots & \omega_1/\omega_n \\ \omega_2/\omega_1 & \omega_2/\omega_2 & \cdots & \omega_2/\omega_n \\ \vdots & \vdots & & \vdots \\ \omega_n/\omega_1 & \omega_n/\omega_2 & \cdots & \omega_n/\omega_n \end{pmatrix} = (a_{ij})_{n\times n}$$

显然矩阵 A 满足：

$$a_{ii} = 1, \; a_{ij} = \frac{1}{a_{ji}}$$

称满足上式的矩阵为互反矩阵。且满足

$$a_{ij}a_{jk} = a_{ik} \quad (i, j, k = 1, 2, \cdots, n)$$

设 $W = \begin{pmatrix} \omega_1 \\ \omega_2 \\ \vdots \\ \omega_n \end{pmatrix}$，有

$$AW = \begin{pmatrix} \omega_1/\omega_1 & \omega_1/\omega_2 & \cdots & \omega_1/\omega_n \\ \omega_2/\omega_1 & \omega_2/\omega_2 & \cdots & \omega_2/\omega_n \\ \vdots & \vdots & & \vdots \\ \omega_n/\omega_1 & \omega_n/\omega_2 & \cdots & \omega_n/\omega_n \end{pmatrix} \begin{pmatrix} \omega_1 \\ \omega_2 \\ \vdots \\ \omega_n \end{pmatrix} = \begin{pmatrix} n\omega_1 \\ n\omega_2 \\ \vdots \\ n\omega_n \end{pmatrix} = nW$$

即 n 是 A 的一个特征根，

$W = \begin{pmatrix} \omega_1 \\ \omega_2 \\ \vdots \\ \omega_n \end{pmatrix}$ 是 A 的对应于特征根 n 的一个特征向量。

现在提出相反的问题：如果事先不知道每个西瓜的重量，也没有衡器去称量，如何判定每个西瓜的相对重量呢？即如何判定哪个最重，哪个次之，哪个最轻呢？

我们可以通过两两比较的方法，得出判断矩阵 A，然后求出 A 的最大特征值 $\lambda_{\max}$，进而通过 $AW = \lambda_{\max}W$ 求出 A 的特征向量：

$$\bar{W} = \begin{pmatrix} \bar{\omega}_1 \\ \bar{\omega}_2 \\ \vdots \\ \bar{\omega}_n \end{pmatrix}$$

然后通过 $\omega_i = \dfrac{\bar{\omega}_i}{\sum_{i=1}^{n} \bar{\omega}_i}$ $(i = 1, 2, \cdots, n)$，将 $\bar{W}$ 规范化：$W = \begin{pmatrix} \omega_1 \\ \omega_2 \\ \vdots \\ \omega_n \end{pmatrix}$，则 W 即为 n 个西瓜的相对重量。

2. AHP 的步骤

用 AHP 分析问题大体要经过以下五个步骤：

(1) 建立层次结构模型；

(2) 构造判断矩阵；

(3) 层次单排序；

(4) 层次总排序；

(5) 一致性检验。

其中，后三个步骤在整个过程中需要逐层地进行。

不妨以假期旅游为例，假如有 P_1，P_2，P_3 三个旅游胜地供你选择，你会根据诸如景色、费用、居住、饮食、旅途条件等一些准则去反复比较三个候选地点。首先，你会确定这些准则在你心目中各占多大比重，如果你经济宽绰、醉心旅游，自然特别看重景色，而平素简朴或手头拮据的人则会优先考虑费用，中老年则会对居住、饮食等条件给予较大关注。其次，你会就每一准则将三个地点进行对比，譬如 P_1 景色最好，P_2 次之；P_2 费用最低，P_3 次之；P_3 居住条件较好等。最后，你要将这两个层次的比较判断进行综合，在 P_1，P_2，P_3 中确定哪个作为最佳旅游地点。

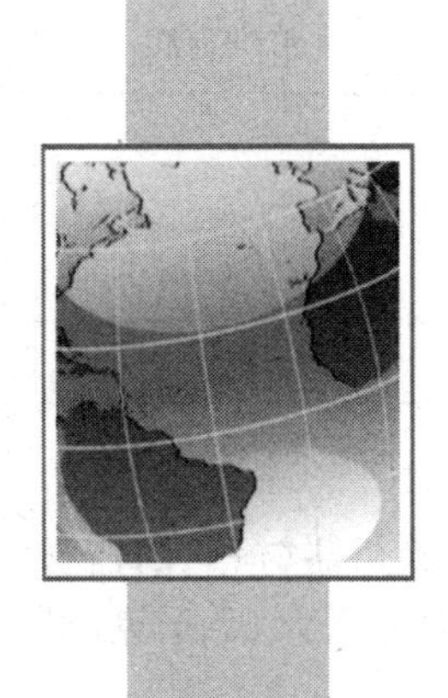

第 10 章 运筹学习题

第 1 节　第 2 章习题

一、数学建模题

1. 某厂生产甲、乙两种产品，这两种产品均需要 A、B、C 三种资源，每种产品的资源消耗量及单位产品销售后所能获得的利润值以及这三种资源的储备如下表所示：

	A	B	C	单位利润
甲	9	4	3	70
乙	4	6	10	120
资源储备量	360	200	300	

试建立使得该厂能获得最大利润的生产计划的线性规划模型，不求解。

2. 某公司生产甲、乙两种产品，生产所需原材料、工时和零件等有关数据如下：

	甲	乙	可用量
原材料（吨/件）	2	2	3 000 吨
工时（工时/件）	5	2.5	4 000 工时
零件（套/件）	1		500 套
产品利润（元/件）	4	3	

试建立使利润最大的生产计划的数学模型，不求解。

3. 一家工厂制造甲、乙、丙三种产品，需要三种资源——技术服务、劳动力和行政管理。每种产品的资源消耗量、单位产品销售后所能获得的利润值以及这三种资源的储备量如下表所示：

	技术服务	劳动力	行政管理	单位利润
甲	1	10	2	10
乙	1	4	2	6
丙	1	5	6	4
资源储备量	100	600	300	

试建立使得该厂能获得最大利润的生产计划的线性规划模型,不求解。

4. 一名登山队员,他需要携带的物品有食品、氧气、冰镐、绳索、帐篷、照相器材、通信器材等。每种物品的重量和重要性系数如下表所示。设登山队员可携带的最大重量为25千克,试选择该队员所应携带的物品。

序　号	1	2	3	4	5	6	7
物　品	食品	氧气	冰镐	绳索	帐篷	照相器材	通信器材
重量(千克)	5	5	2	6	12	2	4
重要性系数	20	15	18	14	8	4	10

试建立队员所能携带物品最大量的线性规划模型,不求解。

5. 工厂每月生产A、B、C三种产品,单件产品的原材料消耗量、设备台时的消耗量、资源限量及单件产品利润如下表所示:

产品 资源	A	B	C	资源限量
材料(千克)	1.5	1.2	4	2 500
设备(台时)	3	1.6	1.2	1 400
利润(元/件)	10	14	12	

根据市场需求,预测三种产品最低月需求量分别是150、260、120,最高需求量是250、310、130,试建立该问题的数学模型,使每月利润最大,不求解。

6. A、B两种产品,都需要经过前后两道工序,每一个单位产品A需要前道工序1小时和后道工序2小时,每单位产品B需要前道工序2小时和后道工序3小时。可供利用的前道工序有11小时,后道工序有17小时。每加工一个单位产品B的同时,会产生两个单位的副产品C,且不需要任何费用,产品C一部分可出售盈利,其余只能加以销毁。出售A、B、C的利润分别为3、7、2元,每单位产品C的销毁费用为1元。预测表明,产品C最多只能售出13个单位。试建立总利润最大的生产计划数学模型,不求解。

7. 靠近某河流有两个化工厂(参见附图),流经第一化工厂的河流流量为每天500立方米,在两个工厂之间有一条流量为200万立方米的支流。第一化工厂每天排放有某种优化物质的工业污水2万立方米,第二化工厂每天排放该污水1.4万立方米。从第一化工厂出来的污水在流至第二化工厂的过程中,有20%可自然净化。根据环保要求,河流中的污水含量不应大于0.2%。这两个工厂都需要各自处理一部分工业污水。第一化工厂的处理成本是1 000元/万立方米,第二化工厂的为800元/万立方米。试问满足环保的条件下,每厂各应处理多少工业污水,才能使两个工厂的总的污水处理费用最少?列出数学模型,不求解。

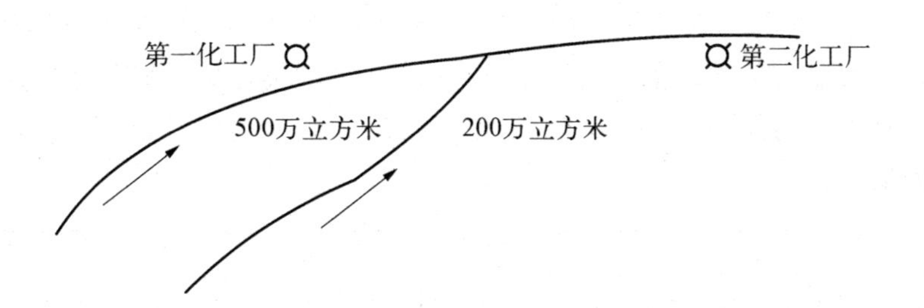

8. 消费者购买某一时期需要的营养物(如甲、乙、丙),希望获得其中的营养成分(如 A、B、C、D)。设市面上现有这 3 种营养物,其分别含有各种营养成分数量,以及各营养物价格和根据医生建议消费者这段时间至少需要的各种营养成分的数量(单位都略去)如下表所示:

营养成分＼营养物	甲	乙	丙	至少需要的营养成分数量
A	4	6	20	80
B	1	1	2	65
C	1	0	3	70
D	21	7	35	450
价　格	25	20	45	

问:消费者怎么购买营养物,才能既获得必要的营养成分,而花钱最少?只建立模型,不用计算。

9. 某公司生产的产品 A、B、C 和 D 都要经过下列工序:刨、立铣、钻孔和装配。已知每单位产品所需工时及本月四道工序可用生产时间如下表所示:

	刨	立铣	钻孔	装配
A	0.5	2.0	0.5	3.0
B	1.0	1.0	0.5	1.0
C	1.0	1.0	1.0	2.0
D	0.5	1.0	1.0	3.0
可用生产时间(小时)	1 800	2 800	3 000	6 000

又知四种产品对利润贡献及本月最少销售需要单位如下:

产　品	最少销售需要单位	元/单位
A	100	2
B	600	3
C	500	1
D	400	4

问:该公司该如何安排生产使利润收入为最大?(只需建立模型)

10. 某航空公司拥有10架大型客机、15架中型客机和2架小型客机，现要安排从一机场到4城市的航行计划，有关数据如下表所示，要求每天到D城有2个航次(往返)，到A、B、C城市各4个航次(往返)，每架飞机每天只能完成一个航次，且飞行时间最多为18小时。求利润最大的航班计划。

客机类型	到达城市	飞行费用(元/次)	飞行收入(元/次)	飞行时间(h/d)
大　型	A	6 000	5 000	1
	B	7 000	7 000	2
	C	8 000	10 000	5
	D	10 000	18 000	10
中　型	A	1 000	3 000	2
	B	2 000	4 000	4
	C	4 000	6 000	8
	D	—	—	20
小　型	A	2 000	4 000	1
	B	3 500	5 500	2
	C	6 000	8 000	6
	D	—	—	19

11. CRISP公司制造四种类型的小型飞机：AR1型(具有一个座位的飞机)、AR2型(具有两个座位的飞机)、AR4型(具有四个座位的飞机)以及AR6型(具有六个座位的飞机)。AR1和AR2一般由私人飞行员购买，而AR4和AR6一般由公司购买，以便加强公司的飞行编队。为了提高安全性，联邦航空局(F. A. A)对小型飞机的制造作出了许多规定。一般的联邦航空局制造规章和检测是基于一个月进度表进行的，因此小型飞机的制造是以月为单位进行的。下表说明了CRISP公司的有关飞机制造的重要信息。

	AR1	AR2	AR4	AR6
联邦航空局的最大产量(每月生产的飞机数目)	8	17	11	15
建造飞机所需要的时间(天)	4	7	9	11
每架飞机所需要的生产经理数目	1	1	2	2
每架飞机的盈利贡献(千美元)	62	84	103	125

CRISP公司下个月可以得到的生产经理的总数是60人。该公司的飞机制造设施可以同时在任何给定的时间生产多达9架飞机。因此，下一个月可以得到的制造天数是270天(9×30，每月按30天计算)。Jonathan Kuring是该公司飞机制造管理的主任，他应如何确定下个月的生产计划安排，以便使盈利贡献最大化？

12. 永辉食品厂在第一车间用1单位原料N可加工3单位产品A及2单位产品B，产品A可以按单位售价8元出售，也可以在第二车间继续加工，单位生产费用要增加6元，加工后单位售价增加9元。产品B可以按单位售价7元出售，也可以在第三车间继续加工，单位生产费用要增加4元，加工后单位售价可增加6元。原料N的单位购入价为2元，上述生产费用不包括工资在内。3个车间每月最多有20万工时，每工时工资0.5元，每加工1单位N需要1.5工时，若A继续加工，每单位需3工时；如B继续加工，每单位需2工时。原料N每月最多能得到10万单位。问：如何安排生产，使工厂获利最大？

二、化标准形式

1. 将下列线性规划模型化为标准形式：

$$\min z = x_1 - 2x_2 + 3x_3$$
$$\begin{cases} x_1 + x_2 + x_3 \leqslant 7 \\ x_1 - x_2 + x_3 \geqslant 2 \\ -3x_1 + x_2 + 2x_3 = -5 \\ x_1 \geqslant 0,\ x_2 \geqslant 0,\ x_3 \text{ 无约束} \end{cases}$$

2. 将下列线性规划模型化为标准形式：

$$\min z = x_1 + 2x_2 + 3x_3$$
$$\begin{cases} -2x_1 + x_2 + x_3 \leqslant 9 \\ -3x_1 + x_2 + 2x_3 \geqslant 4 \\ 4x_1 - 2x_2 - 3x_3 = -6 \\ x_1 \leqslant 0,\ x_2 \geqslant 0,\ x_3 \text{ 无约束} \end{cases}$$

3. 将下列线性规划变为最大值标准形：

$$\min z = -3x_1 + 4x_2 - 2x_3 + 5x_4$$
$$\begin{cases} 4x_1 - x_2 + 2x_3 - x_4 = -2 \\ x_1 + x_2 + 3x_3 - x_4 \leqslant 14 \\ -2x_1 + 3x_2 - x_3 + 2x_4 \geqslant 2 \\ x_1,\ x_2,\ x_3 \geqslant 0,\ x_4 \text{ 无约束} \end{cases}$$

三、图解法

1. 用图解法求解下面线性规划：

$$\min z = -3x_1 + 2x_2$$
$$\begin{cases} 2x_1 + 4x_2 \leqslant 22 \\ -x_1 + 4x_2 \leqslant 10 \\ 2x_1 - x_2 \leqslant 7 \\ x_1 - 3x_2 \leqslant 1 \\ x_1,\ x_2 \geqslant 0 \end{cases}$$

2. 用图解法求解下面线性规划：

$$\min z = 2x_1 + x_2$$

$$\begin{cases}-x_1+4x_2\leqslant 24\\ x_1+\ x_2\geqslant 8\\ 5\leqslant x_1\leqslant 10\\ x_2\geqslant 0\end{cases}$$

3. 已知线性规划问题如下：

$$\max z = x_1 + 3x_2$$
$$\begin{cases}5x_1+10x_2\leqslant 50\\ x_1+\quad x_2\geqslant 1\\ \qquad\quad x_2\leqslant 4\\ x_1,\ x_2\geqslant 0\end{cases}$$

用图解法求解,并写出解的情况。

4. 用图解法求解下面线性规划问题：

$$\max z = 2x_1 + x_2$$
$$\text{s. t.}\begin{cases}5x_1\qquad\quad\leqslant 15\\ 6x_1+2x_2\leqslant 24\\ x_1+\ x_2\leqslant 5\\ x_1,\ x_2\geqslant 0\end{cases}$$

5. 用图解法求解下面线性规划问题：

$$\max z = 2x_1 + 3x_2$$
$$\text{s. t.}\begin{cases}x_1+2x_2\leqslant 8\\ 4x_1\qquad\quad\leqslant 16\\ \qquad\ 4x_2\leqslant 12\\ x_j\geqslant 0,\ j=1,2\end{cases}$$

四、单纯形法

1. 用单纯形法求解下面线性规划问题的解：

$$\max z = 3x_1 + 3x_2 + 4x_3$$
$$\text{s. t.}\begin{cases}3x_1+4x_2+5x_3\leqslant 40\\ 6x_1+4x_2+3x_3\leqslant 66\\ x_1,\ x_2,\ x_3\geqslant 0\end{cases}$$

2. 用单纯形法求解下面线性规划问题的解：

$$\max z = 70x_1 + 120x_2$$
$$\text{s. t.}\begin{cases}9x_1+\ 4x_2\leqslant 360\\ 4x_1+\ 6x_2\leqslant 200\\ 3x_1+10x_2\leqslant 300\\ x_1,\ x_2\geqslant 0\end{cases}$$

3. 用单纯形法求解下面线性规划问题的解：

$$\max z = 4x_1 + 3x_2$$
$$\text{s. t.}\begin{cases}2x_1 + \ \ 2x_2 \leqslant 3\,000 \\ 5x_1 + 2.5x_2 \leqslant 4\,000 \\ x_1 \qquad\quad \leqslant 500 \\ x_1, x_2 \geqslant 0\end{cases}$$

4. 用单纯形法求解下面线性规划问题的解：

$$\max z = 10x_1 + 6x_2 + 4x_3$$
$$\text{s. t.}\begin{cases}x_1 + x_2 + x_3 \leqslant 100 \\ 10x_1 + 4x_2 + 5x_3 \leqslant 600 \\ 2x_1 + 2x_2 + 6x_3 \leqslant 300 \\ x_1, x_2, x_3 \geqslant 0\end{cases}$$

5. 用单纯形法求解下面线性规划问题的解：

$$\max z = 4x_1 - 2x_2 + 2x_3$$
$$\begin{cases}3x_1 + x_2 + x_3 \leqslant 60 \\ x_1 - x_2 + 2x_3 \leqslant 10 \\ 2x_1 + 2x_2 - 2x_3 \leqslant 40 \\ x_1, x_2, x_3 \geqslant 0\end{cases}$$

用单纯形法求解,并指出问题的解属于哪一类。

6. 用单纯形法求解下述 LP 问题：

$$\max z = 2.5x_1 + x_2$$
$$\text{s. t.}\begin{cases}3x_1 + 5x_2 \leqslant 15 \\ 5x_1 + 2x_2 \leqslant 10 \\ x_1, x_2 \geqslant 0\end{cases}$$

7. 用单纯形法解线性规划问题：

$$\max z = 2x_1 + x_2$$
$$\begin{cases}5x_2 \leqslant 15 \\ 6x_1 + 2x_2 \leqslant 24 \\ x_1 + x_2 \leqslant 5 \\ x_1 \geqslant 0, x_2 \geqslant 0\end{cases}$$

8. 用单纯形法求解下面线性规划问题的解：

$$\max z = x_1 + x_2$$
$$\begin{cases}x_1 - 2x_2 \leqslant 2 \\ -2x_1 + x_2 \leqslant 2 \\ -x_1 + x_2 \leqslant 4 \\ x_1 \geqslant 0, x_2 \geqslant 0\end{cases}$$

9. 用单纯形法求解下面线性规划问题的解：

$$\max z = 2x_1 + 4x_2$$
$$\begin{cases} x_1 + 2x_2 \leqslant 8 \\ x_1 \leqslant 4 \\ x_2 \leqslant 3 \\ x_1 \geqslant 0,\ x_2 \geqslant 0 \end{cases}$$

10. 用单纯形法求解下面线性规划问题的解：

$$\max z = 3x_1 + 5x_2$$
$$\begin{cases} x_1 \leqslant 4 \\ 2x_2 \leqslant 12 \\ 3x_1 + 2x_2 \leqslant 18 \\ x_1 \geqslant 0,\ x_2 \geqslant 0 \end{cases}$$

11. 用单纯形法求解下面线性规划问题的解：

$$\max z = 2x_1 + x_2$$
$$\text{s. t.} \begin{cases} 5x_1 \leqslant 15 \\ 6x_1 + 2x_2 \leqslant 24 \\ x_2 + x_2 \leqslant 5 \\ x_1,\ x_2 \geqslant 0 \end{cases}$$

12. 用单纯形法求解下面线性规划问题：

$$\max z = -3x_1 + x_3$$
$$\begin{cases} x_1 + x_2 + x_3 \leqslant 4 \\ -2x_1 + x_2 - x_3 \geqslant 1 \\ 3x_2 + x_3 = 9 \\ x_1 \geqslant 0,\ x_2 \geqslant 0,\ x_3 \geqslant 0 \end{cases}$$

13. 用单纯形法求解下面线性规划问题：

$$\max z = -3x_1 - 2x_2$$
$$\begin{cases} 2x_1 + x_2 \leqslant 2 \\ 3x_1 + 4x_2 \geqslant 12 \\ x_1 \geqslant 0,\ x_2 \geqslant 0 \end{cases}$$

第 2 节　第 3 章习题

1. 写出下列线性规划问题的对偶问题。

(1) $\min f = x_1 + 3x_2 + 2x_3$

$$\begin{cases} x_1 + 2x_2 + 3x_3 \geqslant 6 \\ x_1 - x_2 + 2x_3 \leqslant 3 \\ -x_1 + x_2 + x_3 = 2 \\ x_1 \geqslant 0,\ x_2 \text{ 无非负限制}, x_3 \leqslant 0 \end{cases}$$

(2) $\min f = 25x_1 + 2x_2 + 3x_3$

$$\begin{cases} 2x_1 + 3x_2 - 5x_3 \leqslant 2 \\ 3x_1 - x_2 + 6x_3 \geqslant 1 \\ x_1 + x_2 + x_3 = 4 \\ x_1 \geqslant 0,\ x_2 \leqslant 0, x_3 \text{ 无非负限制} \end{cases}$$

(3) $\max z = x_1 + 2x_2 + 5x_3$

$$\begin{cases} 2x_1 + 3x_2 + x_3 \geqslant 10 \\ 3x_1 + x_2 + x_3 \leqslant 50 \\ x_1 + x_3 = 24 \\ x_1 \leqslant 0,\ x_2 \geqslant 0,\ x_3 \text{ 无非负限制} \end{cases}$$

(4) $\max z = 2x_1 + x_2 + 3x_3 + x_4$

$$\begin{cases} x_1 + x_2 + x_3 + x_4 \leqslant 5 \\ 2x_1 - x_2 + 3x_3 = -4 \\ x_1 - x_3 + x_4 \geqslant 1 \\ x_1 \leqslant 0,\ x_2 \geqslant 0,\ x_3,\ x_4 \text{ 无非负限制} \end{cases}$$

(5) $\max z = -x_1 + 2x_2 - 3x_3 + 4x_4$

$$\begin{cases} x_1 + 3x_2 + x_3 - 5x_4 \leqslant 7 \\ 2x_1 - x_2 + x_3 + 3x_4 \geqslant 2 \\ -3x_1 + x_2 + 4x_3 - x_4 = -5 \\ x_1,\ x_2 \geqslant 0,\ x_3 \text{ 无约束}, x_4 \leqslant 0 \end{cases}$$

2. 判断下列说法是否正确？为什么？

(1) 原问题存在可行解，则其对偶问题也一定存在可行解。

(2) 原问题为无界解，则其对偶问题无可行解。

(3) 对偶问题无可行解，则原问题也一定无可行解。

(4) 若原问题和对偶问题都存在可行解，则该线性规划问题一定存在最优解。

3. 已知线性规划问题

$$\max z = 10x_1 + x_2 + 2x_3$$

$$\begin{cases} x_1 + x_2 + 2x_3 \leqslant 10 \\ 4x_1 + x_2 + x_3 \leqslant 20 \\ x_1,\ x_2,\ x_3 \geqslant 0 \end{cases}$$

要求：(1) 请用单纯形法求出它的最优解；

(2) 写出其对偶问题及最优解，并验证对偶理论的互补松弛性。

4. 已知以下线性规划问题的最优解为 $x_1 = 2$，$x_2 = 4$，试利用对偶问题的性质写出其对偶问题的最优解。

$$\max z = x_1 + 3x_2$$
$$\begin{cases} 5x_1 + 10x_2 \leqslant 50 \\ x_1 + \quad x_2 \geqslant 1 \\ \qquad\quad x_2 \leqslant 4 \\ x_1,\ x_2 \geqslant 0 \end{cases}$$

5. 现有以下线性规划问题,试用对偶理论证明该问题无最优解。

$$\max z = x_1 + x_2$$
$$\begin{cases} -x_1 + x_2 + x_3 \leqslant 2 \\ -2x_1 + x_2 - x_3 \leqslant 1 \\ x_1,\ x_2,\ x_3 \geqslant 0 \end{cases}$$

6. 已知线性规划问题

$$\min f = 2x_1 + 3x_2 + 5x_3 + 2x_4 + 3x_5$$
$$\begin{cases} x_1 + x_2 + 2x_3 + x_4 + 3x_5 \geqslant 4 \\ 2x_1 - x_2 + 3x_3 + x_4 + \ x_5 \geqslant 3 \\ x_1,\ x_2,\ x_3,\ x_4,\ x_5 \geqslant 0 \end{cases}$$

已知其对偶问题的最优解为 $y_1^* = \dfrac{4}{5}$，$y_2^* = \dfrac{3}{5}$，最优值为 $z^* = 5$。试用对偶理论找出原问题的最优解。

7. 已知线性规划问题

$$\min f = 2x_1 + 3x_2 + 5x_3 + 6x_4$$
$$\begin{cases} x_1 + 2x_2 + 3x_3 + \ x_4 \geqslant 2 \\ -2x_1 + \ x_2 - \ x_3 + 3x_4 \leqslant -3 \\ x_1,\ x_2,\ x_3,\ x_4 \geqslant 0 \end{cases}$$

要求：(1) 写出其对偶问题；

(2) 用图解法求对偶问题的解；

(3) 利用(2)的结果及对偶问题的性质,求出原问题的最优解。

8. 已知线性规划问题

$$\min z = 2x_1 + 3x_2 + 5x_3 + 6x_4$$
$$\begin{cases} x_1 + 2x_2 + 3x_3 + \ x_4 \geqslant 2 \\ -2x_1 + \ x_2 - \ x_3 + 3x_4 \leqslant -3 \\ x_j \geqslant 0\ (j = 1,\ 2,\ 3,\ 4) \end{cases}$$

要求：(1) 用图解法求对偶问题的解；

(2) 利用(1)的结果及对偶性质求原问题的最优解。

9. 已知线性规划问题

$$\max z = x_1 + x_2$$

$$\begin{cases} -x_1 + x_2 + x_3 \leqslant 2 \\ -2x_1 + x_2 - x_3 \leqslant 1 \\ x_1,\ x_2,\ x_3 \geqslant 0 \end{cases}$$

试用对偶理论证明上述线性规划问题无最优解。

第3节 第4章习题

1. 安排一个使总运费最低的运输计划，并求出最低运费。

		销地				
		B_1	B_2	B_3	B_4	产量
产地	A_1	6	11	10	9	50
	A_2	10	7	6	14	70
	A_3	12	8	8	11	30
需求量		30	40	50	30	

要求：先用最小元素法求出一个初始方案，再用闭回路法，求检验数。如果不是最优，改进为最优。

2. 给定下列运输问题（表中数据为产地 A_i 到销地 B_j 的单位运费）：

		销地				
		B_1	B_2	B_3	B_4	产量
产地	A_1	1	2	3	4	10
	A_2	8	7	6	5	80
	A_3	9	10	11	9	15
需求量		8	22	12	18	

要求：(1) 用最小费用法求初始运输方案，并写出相应的总运费；

(2) 用(1)得到的基本可行解，继续迭代求该问题的最优解。

3. 下表所示是将产品从三个产地运往四个销地的运输费用。

		销地				
		B_1	B_2	B_3	B_4	产量
产地	A_1	9	12	9	6	50
	A_2	7	3	7	7	60
	A_3	6	5	9	11	50
需求量		40	40	60	20	

要求：(1) 用最小费用法建立运输计划的初始方案；

(2) 用位势法做最优解检验；

(3) 求最优解和最优方案的运费。

4. 给定下列运输问题(表中数据为产地 A_i 到销地 B_j 的单位运费)：

		销地				
		B_1	B_2	B_3	B_4	产量
产地	A_1	20	11	8	6	5
	A_2	5	9	10	2	10
	A_3	18	7	4	1	15
需求量		3	3	12	12	

要求：(1) 用最小费用法求初始运输方案,并写出相应的总运费；

(2) 用(1)得到的基本可行解,继续迭代求该问题的最优解。

5. 某百货公司去外地采购 A、B、C、D 四种规格的服装,数量分别为 A——1 500 套,B——2 000 套,C——3 000 套,D——3 500 套；有三个城市可供应上述规格服装,供应数量为Ⅰ——2 500 套,Ⅱ——2 500 套,Ⅲ——5 000 套。由于这些城市的服装质量、运价情况不一,运输成本(元/套)也不一样,详见下表：

	A	B	C	D
Ⅰ	10	5	6	7
Ⅱ	8	2	7	6
Ⅲ	9	3	4	8

请帮助该公司确定一个成本最小的采购方案(用伏格尔法)。

6. 已知某运输问题如下(单位：百元/吨)：

		销地			
		B_1	B_2	B_3	产量
产地	A_1	3	7	2	18
	A_2	5	8	10	12
	A_3	9	4	5	15
需求量		16	12	17	

要求：(1) 使总运费最小的调运方案和最小运费(用伏格尔法)。

(2) 该问题是否有多个最优调运方案？若没有,说明为什么；若有,请再求出一个最优调运方案。

7. 已知运输问题的产销平衡表与单位运价表如下表所示：

	甲	乙	丙	丁	产　量
A	3	2	7	6	50
B	7	5	2	3	60
C	2	5	4	5	25
销　量	60	40	20	15	

试用表上作业法求出最优解。

第4节　第5章习题

1. 试用分支定界法求解下列整数规划问题：

(1) $\max z = 10x_1 + 3x_2$

$$\begin{cases} 6x_1 + 7x_2 \leqslant 40 \\ 3x_1 + x_2 \leqslant 11 \\ x_1,\ x_2 \geqslant 0 \text{ 且为整数} \end{cases}$$

(2) $\max z = x_1 + 2x_2 + x_3$

$$\begin{cases} 7x_1 + 4x_2 + 3x_3 \leqslant 28 \\ 4x_1 + 7x_2 + 2x_3 \leqslant 28 \\ x_1,\ x_2,\ x_3 \geqslant 0 \text{ 且 } x_1,\ x_2 \text{ 为整数} \end{cases}$$

(3) $\max z = 40x_1 + 90x_2$

$$\begin{cases} 9x_1 + 7x_2 \leqslant 56 \\ 7x_1 + 20x_2 \leqslant 70 \\ x_1,\ x_2 \geqslant 0 \text{ 且为整数} \end{cases}$$

(4) $\max z = 20x_1 + 10x_2 + 10x_3$

$$\begin{cases} 2x_1 + 20x_2 + 4x_3 \leqslant 15 \\ 6x_1 + 20x_2 + 4x_3 = 20 \\ x_1,\ x_2,\ x_3 \geqslant 0 \text{ 且为整数} \end{cases}$$

(5) $\max z = 5x_1 + 8x_2$

$$\begin{cases} x_1 + x_2 \leqslant 6 \\ 5x_1 + 9x_2 \leqslant 45 \\ x_1,\ x_2 \geqslant 0 \text{ 且为整数} \end{cases}$$

(6) $\max z = x_1 + x_2$

$$\begin{cases} x_1 + \dfrac{9}{14}x_2 \leqslant \dfrac{51}{14} \\ -2x_1 + x_2 \leqslant \dfrac{1}{3} \\ x_1,\ x_2 \geqslant 0 \text{ 且为整数} \end{cases}$$

2. 用分支定界法求解下列整数规划问题(提示：可采用图解法)：

$$\max z = 40x_1 + 90x_2$$
$$\begin{cases} 9x_1 + 7x_2 \leqslant 56 \\ 7x_1 + 20x_2 \leqslant 70 \\ x_1,\ x_2 \geqslant 0 \text{ 且为整数} \end{cases}$$

3. 求解下列整数规划问题：

$$\max z = 20x_1 + 10x_2 + 10x_3$$
$$\begin{cases} 2x_1 + 20x_2 + 4x_3 \leqslant 15 \\ 6x_1 + 20x_2 + 4x_3 = 20 \\ x_1,\ x_2,\ x_3 \geqslant 0 \text{ 且为整数} \end{cases}$$

4. 已知效率矩阵 C,试用匈牙利法求解下列指派问题。

(1) $C = \begin{bmatrix} 10 & 8 & 12 & 22 \\ 17 & 22 & 24 & 20 \\ 24 & 18 & 16 & 19 \\ 17 & 21 & 25 & 19 \end{bmatrix}$

(2) $C = \begin{bmatrix} 12 & 7 & 9 & 7 & 9 \\ 8 & 9 & 6 & 6 & 6 \\ 7 & 17 & 12 & 14 & 12 \\ 15 & 14 & 6 & 6 & 10 \\ 4 & 10 & 7 & 10 & 6 \end{bmatrix}$

(3) $C = \begin{bmatrix} 3 & 8 & 2 & 10 & 3 \\ 8 & 7 & 2 & 9 & 7 \\ 6 & 4 & 2 & 7 & 5 \\ 8 & 4 & 2 & 3 & 5 \\ 9 & 10 & 6 & 9 & 10 \end{bmatrix}$

(4) $C = \begin{bmatrix} 15 & 18 & 21 & 24 \\ 19 & 23 & 22 & 18 \\ 26 & 17 & 16 & 19 \\ 19 & 21 & 23 & 17 \end{bmatrix}$

5. 有甲、乙、丙、丁四个人,要分别指派他们完成 A、B、C、D 四项不同的工作,每人做各项工作所消耗的时间如下表所示：

	A	B	C	D
甲	2	10	9	7
乙	15	4	14	8
丙	13	14	16	11
丁	4	15	13	9

问：应该如何指派，才能使总的消耗时间为最少？

6. 某公司经理要分派 4 个推销员去 4 个地区推销某种商品。4 个推销员各有不同的经验和能力，因而他们在每一地区能获得的利润不同，其估计值如下表所示：

	D_1	D_2	D_3	D_4
甲	35	27	28	37
乙	28	34	29	40
丙	35	24	32	33
丁	24	32	25	28

问：公司经理应怎样分派 4 个推销员才使总利润最大？

7. 某省移动通信公司一年中有 5 个管理咨询项目对外招标，有 5 家管理咨询公司应标，各个公司的报价如下表所示：

	A	B	C	D	E
甲	40	80	70	150	120
乙	70	90	170	140	100
丙	60	90	120	80	70
丁	60	70	140	60	100
戊	60	90	120	100	60

要求：每个公司只能完成一个项目，试问如何安排，才能使总费用最少？

8. 安排甲、乙、丙、丁四个工人去做四项不同的工作，每个工人做各项工作所消耗的时间(单位：分钟)如下表所示：

	A	B	C	D
甲	20	19	20	28
乙	18	24	27	20
丙	26	16	15	18
丁	17	20	24	19

问：(1) 应指派哪个工人去完成哪项工作，可使总的消耗时间为最少？

(2) 如果把(1)中的消耗时间数据看作是创造效益。那么应如何指派，可使总效益最大？

(3) 如果在(1)中再增加一项工作 E，甲、乙、丙、丁四人完成工作 E 的时间分别为 17、20、15、16 分钟，那么应指派这四个人干哪四项工作，可使总的消耗时间最少？

(4) 如果在(1)中再增加一个人戊，他完成 A、B、C、D 工作的时间分别为 16、17、20、21 分钟，这时应指派哪四个人去干这四项工作，使总的消耗时间最少？

9. 有甲、乙、丙、丁四个人，要分别指派他们完成 A、B、C、D 四项不同的工作，每人做各项工作所消耗的时间如下表所示：

	A	B	C	D
甲	2	10	9	7
乙	15	4	14	8
丙	13	14	16	11
丁	4	15	13	9

问：应该如何指派，才能使总的消耗时间最少？

10. 某 5×5 指派问题效率矩阵如下，求解该指派问题。

$$C=\begin{bmatrix}12 & 7 & 9 & 7 & 9\\ 8 & 9 & 6 & 6 & 6\\ 7 & 17 & 12 & 14 & 9\\ 15 & 14 & 6 & 6 & 10\\ 4 & 10 & 7 & 10 & 9\end{bmatrix}$$

第 5 节　第 6 章习题

1. 求解下列的矩阵对策，并明确回答它们分别是不是既约矩阵？有没有鞍点？

(1) $\begin{bmatrix}-2 & 12 & -4\\ 1 & 4 & 8\\ -5 & 2 & 3\end{bmatrix}$；　(2) $\begin{bmatrix}2 & 2 & 1\\ 3 & 4 & 4\\ 2 & 1 & 6\end{bmatrix}$；

(3) $\begin{bmatrix}2 & 7 & 2 & 1\\ 2 & 2 & 3 & 4\\ 3 & 5 & 4 & 4\\ 2 & 3 & 1 & 6\end{bmatrix}$；　(4) $\begin{bmatrix}9 & 3 & 1 & 8 & 0\\ 6 & 5 & 4 & 6 & 7\\ 2 & 4 & 3 & 3 & 8\\ 5 & 6 & 2 & 2 & 1\\ 3 & 2 & 3 & 5 & 4\end{bmatrix}$。

2. 试证明在矩阵对策：$A=\begin{bmatrix}a_{11} & a_{12}\\ a_{21} & a_{22}\end{bmatrix}$中，不存在鞍点的充要条件是有一条对角线的每一元素大于另一条对角线上的每一元素。

3. 先处理下列矩阵对策中的优超现象，再利用公式法求解：

$$A=\begin{bmatrix}3 & 4 & 0 & 3 & 0\\ 5 & 0 & 2 & 5 & 9\\ 7 & 3 & 9 & 5 & 9\\ 4 & 6 & 8 & 7 & 6\\ 6 & 0 & 8 & 8 & 3\end{bmatrix}$$

4. 利用图解法求解下列矩阵对策：

(1) $A=\begin{bmatrix}2 & 7\\ 6 & 4\\ 11 & 2\end{bmatrix}$；　　(2) $A=\begin{bmatrix}1 & 3 & 10\\ 8 & 5 & 2\end{bmatrix}$。

5. 已知矩阵对策：

$$A=\begin{bmatrix}4 & 0 & 0\\ 0 & 0 & 8\\ 0 & 6 & 0\end{bmatrix}$$

的解为：$x^*=(6/13, 3/13, 4/13)$，$y^*=(6/13,4/13,3/13)^{\mathrm{T}}$，对策值为24/13，求下列矩阵对策的解：

(1) $\begin{bmatrix}6 & 2 & 2\\ 2 & 2 & 10\\ 2 & 8 & 2\end{bmatrix}$；　　(2) $\begin{bmatrix}-2 & -2 & 2\\ 6 & -2 & -2\\ -2 & 4 & -2\end{bmatrix}$；

(3) $\begin{bmatrix}32 & 20 & 20\\ 20 & 20 & 44\\ 20 & 38 & 20\end{bmatrix}$。

6. 用行列式解法求解下列矩阵对策：

(1) $\begin{bmatrix}1 & 0 & 3 & 4\\ -1 & 4 & 0 & 1\\ 2 & 2 & 2 & 3\\ 0 & 4 & 1 & 1\end{bmatrix}$；　　(2) $\begin{bmatrix}1 & 2 & 3\\ 4 & 0 & 1\\ 2 & 3 & 0\end{bmatrix}$。

7. 试用线性规划方法求解下列矩阵对策：

(1) $\begin{bmatrix}8 & 2 & 4\\ 2 & 6 & 6\\ 6 & 4 & 4\end{bmatrix}$；　　(2) $\begin{bmatrix}2 & 0 & 2\\ 0 & 3 & 1\\ 1 & 2 & 1\end{bmatrix}$。

8. 试写出“石头·剪刀·布”两碰吃游戏的赢得矩阵并求解双方的最优策略。

第6节　第7章习题

1. 求下图中从V_1到V_3短路。

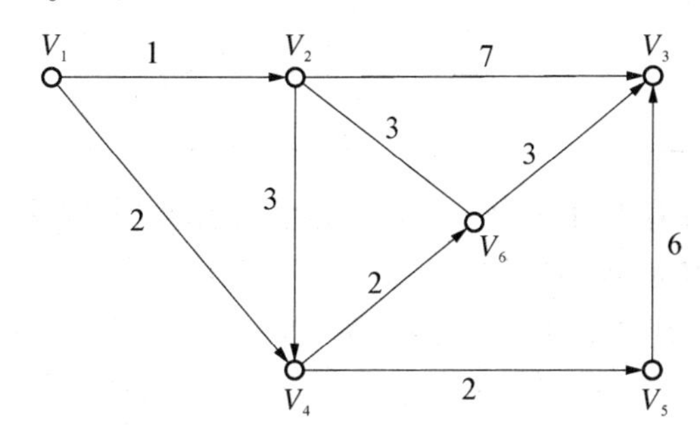

2. 电信公司要在 15 个城市之间铺设光缆，这些城市的位置及相互之间的铺设光缆的费用如下图所示。试求出一个连接这 15 个城市的铺设方案，使得总费用最小。

1 V_4 3 V_7 5 V_{10} 3
V_1 V_{13}
2 4 2 1 1
2 V_5 1 V_8 6 V_{11} 3
V_2 V_{14}
4 2 3 4 3
V_3 1 4 2 5 V_{15}
V_6 V_9 V_{12}

3. 求出从 V_s 到 V_t 的最大流，弧旁的数字是弧的容量。

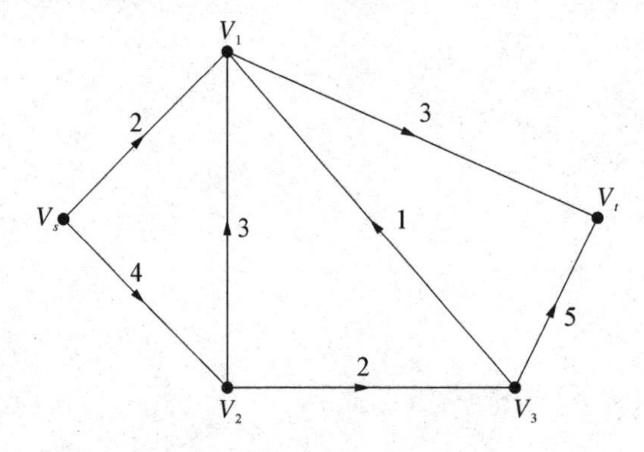

4. 已知 8 口海上油井，相互间距离如下表所示。已知 1 号井离海岸最近，为 5 海里。问从海岸经 1 号井铺设油管将各油井连接起来，应如何铺设使输油管长度为最短(为便于计量和检修，油管只准在各井位处分叉)。

各油井之间间距矩阵表(海里)

	2	3	4	5	6	7	8
1	1.3	2.1	0.9	0.7	1.8	2.0	1.5
2		0.9	1.8	1.2	2.6	2.3	1.1
3			2.6	1.7	2.5	1.0	1.0
4				0.7	1.6	1.5	0.9
5					0.9	1.1	0.8
6						0.6	1.0
7							0.5

5. 某企业的一种设备有效寿命为一年，但若经一定的保养则还可以继续使用。已知在今后五年中，每年年初购买该设备的费用为：第一、第二年年初需要 11 单位，第三、第四年年初需要 12 单位，第五年年初需要 13 单位。该设备一经使用后所需要的保养费与连续使用期的长短有关，在使用的第一年内，保养费为 5 个单位，在使用的第二年，保养费增加到 6 单位，使

用的第三年则为 8 单位，第四年为 11 单位，第五年增至 18 个单位。现在要决定在未来五年中的设备更新计划，试给出这个计划。

6. 要从三个仓库运送商品到四个市场去，仓库的供应量分别是 20、20 和 100 件，市场的需求量分别是 20、20、60 和 20 件。并非所有的仓库与市场之间都能直接运货，下表给出了各条线路的容量。问：利用现有的供应，能否满足市场的需要？

	市　场				
仓　库	1	2	3	4	供应量
1	30	10	0	40	20
2	0	0	10	50	20
3	20	10	40	5	100
需求量	20	20	60	20	

7. 尝试证明中国象棋的马从任意一点经过其他点回到初始点所走的步数必定为偶数(中国象棋马走日格)。

8. 求下列网络中结点 1 与结点 10 之间的最短路径：

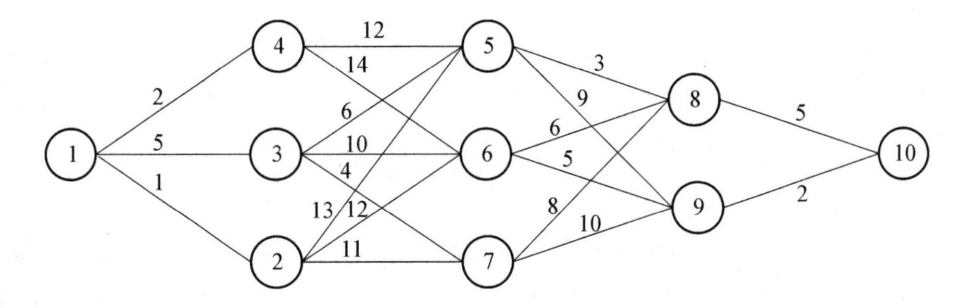

9. 路路达速递公司是一家总部设在上海的区域性快递公司，为上海与江、浙两省 10 城市之间提供快速取、送物品业务，旅行成本如下图所示：

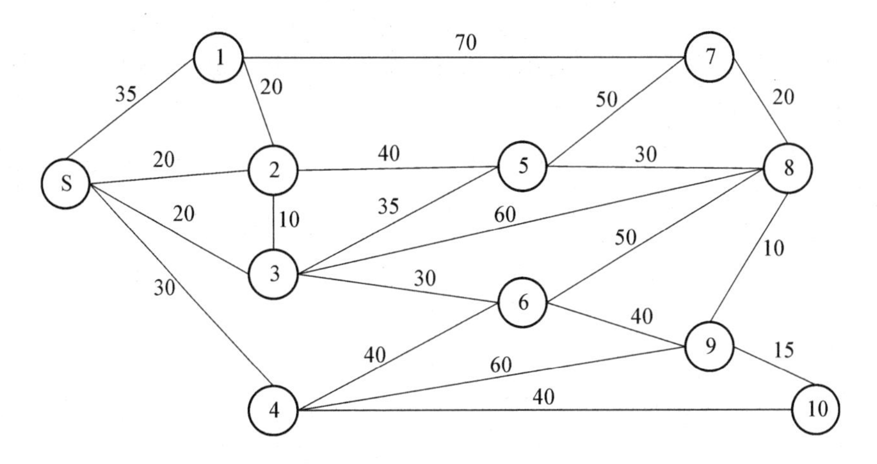

(1) 求上海到其余 10 个城市的各最短路径的里程；

(2) 上海到城市 7 和城市 9 的最短路径是什么？

10. 求下列网络的最小支撑总长度(单位：千米)。

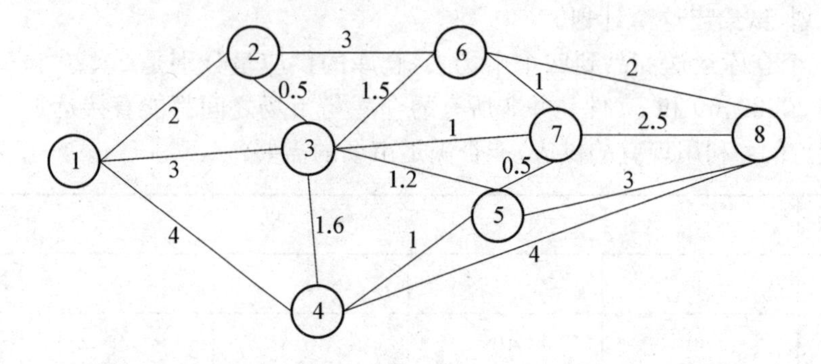

11. 化工厂管道网络如下图所示：

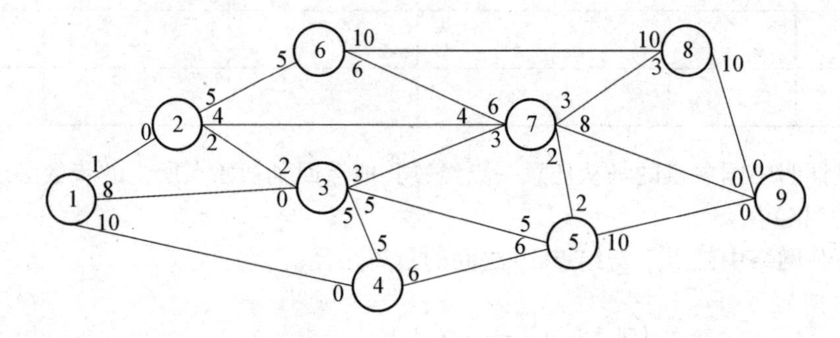

问：从 1 到 9 的最大流是多少？

第 7 节　第 8 章习题

1. 某工厂需要 10 000 个电源变压器。其来源可能有两种选择：一种是用设备费 11 500 元及每个花成本 15 元进行制造;另一种是以每个 18 元的价格购买成品。外购成品可保证全部是正品,而自行制造则有一定次品,次品率的分布如下：

次品率	0	0.1	0.2	0.3	0.4
概　率	0.15	0.25	0.20	0.25	0.15

若次品被组装后,在检验时发现,则每件需花费 12 元的修理费,问该厂应如何决策？两种决策方案效果的差别是多少？

2. 某公司考虑生产一种新产品,在决策以前预见到三种结果,即市场情况好、中、差,三种结果的概率及相应的条件收益如下：

市场情况(θ)	概率 $P(\theta)$	条件收益(万元)
好(θ_1)	0.25	1 500
中(θ_2)	0.30	100
差(θ_3)	0.45	−600

有可能要花 60 万元做市场调查进行预测。虽然不知道这一预测的准确性,但有过去实践的记录为：

调查结论(S)	实践结果		
	好(θ_1)	中(θ_2)	差(θ_3)
S_1(好)	0.65	0.25	0.10
S_2(中)	0.25	0.45	0.3
S_3(差)	0.10	0.30	0.6

问：该公司要不要做市场调查进行预测？若需要，根据预测结果应如何做决策，其期望收益为多少？

3. 某企业要生产一发电机，该产品有自重、成本、功率、寿命和投资5个指标，为此设计了3种方案，其指标如下表所示：

指标 方案	成本(元)	功率(千瓦)	自重(千克)	寿命(年)	投资(万元)
A_1	6 000	120	700	7	60
A_2	8 000	150	500	8	70
A_3	7 000	130	600	7	50

(1) 用线性比例变换求标准化决策矩阵；

(2) 按最大最小原则确定满意方案；

(3) 若各指标的权系数分别为0.3，0.15，0.1，0.2，0.25，试用线性分派法确定满意方案；

(4) 直接根据标准化决策矩阵定义理想点和负理想点，并用理想点法求满意方案。

4. 下表是某书店订购和销售某一新书的损益矩阵：

销售 订购	S_1 50	S_2 100	S_3 150	S_4 200
A_1 50	100	100	100	100
A_2 100	0	200	200	200
A_3 150	−100	100	300	300
A_4 200	−200	0	200	400

(1) 分别用大中取大准则、小中取大准则和合理性准则确定订购方案；

(2) 建立后悔矩阵，并用大中取小悔值准则确定订购方案。

5. 某建筑公司考虑安排一项工程的开工计划。假定影响工期的唯一因素是天气情况。如能安排开工并按期完工，可获利润5万元；但如开工后遇天气不好而拖延工期，则将亏损1万元。根据以往气象资料，估计最近安排开工后天气晴朗的概率是0.20，开工后天气阴雨的概率为0.80。又如果最近不安排开工，则将负担推迟开工损失费1 000元。有关数据见下表。

行动方案 \ 自然状态	天气好 $P_1 = 0.2$	天气不好 $P_2 = 0.8$	期望值（元）
开工 A_1	50 000	−10 000	2 000
不开工 A_2	−1 000	−1 000	−1 000

为了进一步确定天气情况，该公司还可从气象咨询事务所购买气象情报，但需要花 1 000 元咨询费。过去资料表明，该事务所在天气好时预报天气的可靠性为 0.7，在天气坏时预报的可靠性是 0.8。问：

(1) 不购买气象情报时应如何决策？

(2) 画出购买气象情报的风险决策树。

(3) 该公司是否应该购买气象情报，以期获得最多的利润？要求进行事后分析。

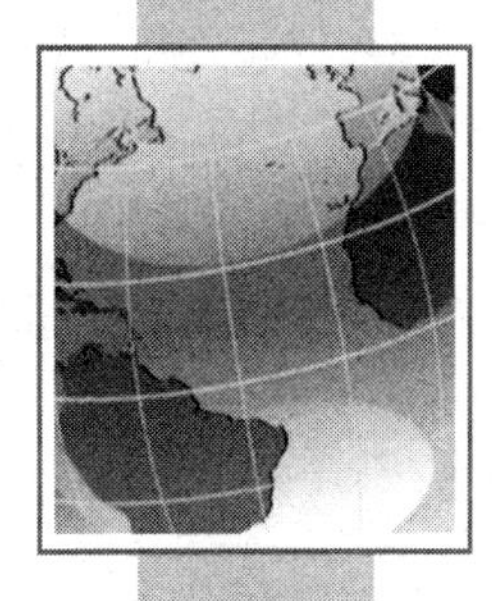

参考文献

[1] Frederick S. Hillier, Gerald J. Lieberman. Introduction to Operations Research[M]. 北京：清华大学出版社，2006.

[2] [美] 戴维·R. 安德森，丹尼斯·J. 斯威尼，托马斯·A. 威廉斯著，于淼等译. 数据、模型与决策[M]. 北京：机械工业出版社，2003.

[3] [美] 弗雷德里克·S. 希尔利，马克·S. 希尔利，杰拉尔德·J. 利伯曼著，任建标译，田澎审. 数据、模型与决策[M]. 北京：中国财政经济出版社，2001.

[4] [美] 弗雷德里克·S. 希尔利，杰拉尔德·J. 利伯曼著，胡运权等译. 运筹学导论(第 8 版)[M]. 北京：清华大学出版社，2007.

[5] 《运筹学》教材编写组编. 运筹学(第四版)[M]. 北京：清华大学出版社，2016.

[6] 胡运权. 运筹学教程[M]. 北京：高等教育出版社，2005.

[7] 胡运权. 运筹学基础及应用[M]. 哈尔滨：哈尔滨工业大学出版社，1998.

[8] 朱求长，朱希川编著. 运筹学学习指导及题解[M]. 武汉：武汉大学出版社，2008.

[9] 刘春梅编著. 管理运筹学基础、技术及 Excel 建模实践[M]. 北京：清华大学出版社，2010.

[10] 韩伯堂. 管理运筹学(第 4 版)[M]. 北京：高等教育出版社，2014.